AF311039

ÉLECTRICITÉ,

GALVANISME ET MAGNÉTISME

APPLIQUÉS

AUX MALADIES NERVEUSES

ET CHRONIQUES

PAR

Le Docteur **CRIMOTEL**, de Tilloy,

de la Faculté de médecine de Paris.

A PARIS

CHEZ L'AUTEUR,
Rue Saint-Honoré, 341, ou du Mont-Thabor, 6.

ET CHEZ J.-B. BAILLIÈRE,
LIBRAIRE DE L'ACADÉMIE DE MÉDECINE, RUE HAUTEFEUILLE, 19.
A LONDRES, chez H. BAILLIÈRE, 219, Regent-Street.

TABLE DES MATIÈRES.

— 4 —

AVANT-PROPOS.

Si l'on réfléchit que le système nerveux, organe direct de notre être moral, agit de sa puissance électrique sur tout l'organisme, en occupe du sommet à la base les plus imperceptibles replis, et fonctionne, sans relâche, sous les influences les plus complexes et les plus opposées, on pressentira aisément que, composé de fibres si délicates, solidaires pour ainsi dire de sensibilité et de contractilité, il doit être un foyer de cruelles et fréquentes maladies, aggraver celles des autres systèmes, subir amèrement leur contre-coup, et, sous la pression du mal, déterminer dans l'économie une souffrance générale, des désordres aussi variés qu'imprévus, et proportionnés aux ressources de vitalité dont il dispose en son état sain et valide.

Il faut bien s'avouer aussi que le tourbillonnement de la vie moderne, plus intense chaque jour, l'expose à de nouvelles et incessantes perturbations, si l'on ne porte à son hygiène plus de sollicitude.

Malheureusement déjà les centres populeux, les campagnes même, n'en sont plus à la simple appréhension des éventualités ;

mais c'est dans les grandes villes surtout que les affections du système nerveux s'accusent sur une échelle dont il n'est pas facile de mesurer l'étendue.

Or, quand le mal sévit sur une si grande partie de la population, lorsqu'on le voit s'attaquer sans distinction aux âges, aux classes, à l'un et à l'autre sexe, étreignant de préférence les organisations d'élite, on doit se demander quelles sont les ressources de l'art médical contre de telles affections, et si, débarrassé des recettes et des expédients, il possède la thérapeutique tout à la fois une, diversifiée, prompte et irrésistible comme le fléau qu'il est plus urgent que jamais de dominer. Et si, par hasard, la science pouvait en justifier, assurément alors le médecin n'aurait plus qu'à l'appliquer, au lieu de perdre son temps à la poursuite de tant de moyens dont les effets sont si peu calculables, qu'il en est souvent réduit à confier la guérison au temps et à la nature.

Existe-t-elle donc cette thérapeutique spéciale, ou n'existe-t-elle pas? La question, dégagée de toute prévention, je dirai de suite que dès les premières années de mon exercice médical, comme pendant le cours de mes études, je fus frappé de la résistance qu'opposent généralement aux efforts de l'art les affections du système nerveux : névroses, névralgies, gastralgies, rhumatismes, paralysies et autres. Si bien qu'après avoir vu nos plus habiles praticiens employer, de façons très-diverses, antispasmodiques, narcotiques, opiacés, calmants de tout genre, avec purgatifs, vésicatoires, cautères, moxas et sétons, et avoir eu moi-même recours à tous ces agents, sans être plus heureux trop souvent, il m'a bien fallu reconnaître que cette prétendue richesse n'accusait qu'une pauvreté réelle, et que la multiplicité de moyens préconisés dans ces circonstances tenait à l'inefficacité de la plupart.

Il y a plus : certains remèdes administrés à l'intérieur agissent dans toute l'économie, sans distinguer les organes sains de ceux qui sont affectés ; c'est-à-dire qu'une médication aveugle peut finir, trop prolongée, par amener des désordres plus graves que les accidents locaux qui l'avaient fait prescrire. Il n'est pas rare non plus de rencontrer des malades qu'il faut préserver à tout prix d'un traitement interne, sous peine d'irriter de plus en plus un estomac et des intestins trop susceptibles.

Je conviendrai néanmoins que la médication révulsive appliquée à l'extérieur procède d'une manière plus sûre dans les affections chroniques et nerveuses ; aussi ai-je toujours e une sorte de prédilection pour les moyens externes, tels que les bains de vapeurs, les affusions, les douches, les frictions, les onctions simples ou irritantes, etc. Toutefois, je me presse d'ajouter que je suis loin de rejeter en principe la médication interne ; je la crois, au contraire, indispensable, lorsque les manifestations locales dépendent d'une cause générale inhérente à la constitution ; encore faut-il ici que le médecin s'efforce, par un traitement local bien entendu, de prédisposer les organes malades à l'action du traitement interne.

Cela dit, constatons que, parmi les maladies chroniques et celles du système nerveux, il y en a quantité qui se montrent tellement tenaces, qu'elles semblent se jouer des efforts les plus habiles du médecin, et de la patience la plus généreuse du malade. Aussi, que de fois j'ai déploré le sort de ces infortunés que je voyais se soumettre avec résignation, dans l'espoir de recouvrer la santé, aux traitements douloureux les plus prolongés, sans nul résultat. J'avoue que, pour ma part, je ne me sentais pas le courage de tourmenter de malheureux êtres qui avaient déjà tant souffert, craignant du reste, et avec raison, que les moyens de l'art ne vinssent aggraver leur pénible position.

Puisqu'il en est ainsi, n'est-ce pas un devoir pour le médecin qui voit grossir chaque jour, sous les progrès mêmes de la civilisation, le nombre de ces cas réfractaires, de ne plus se faire illusion, de déclarer avec impartialité que le traitement des maladies nerveuses, malgré quelques améliorations, n'est encore que dans l'enfance, et de se mettre, selon ses forces, par les voies infaillibles de l'observation et de l'expérience, à la recherche de ressources, de médications susceptibles du moins d'amender ce triste état de choses.

Je me suis mis à chercher de mon côté, préoccupé naturellement par-dessus tout, durant cette investigation, d'un principe capable, par son action sur le système nerveux, d'attaquer la maladie jusque dans sa racine; d'un principe qui, pris pour base du traitement tant externe qu'interne, permît au médecin d'en obtenir le double avantage de toucher le mal à son point précis de localisation, et de remettre l'organisme de son altération générale le plus promptement possible.

En dehors des moyens médicaux ordinaires, il y avait lieu d'examiner si un tel principe ne se rencontrerait pas parmi les agents naturels qui nous entourent et nous imprègnent, tels que l'air, le calorique, la lumière, etc., agents dont l'influence en hygiène et en thérapeutique surpasse peut-être celle des aliments et des médicaments. Les recherches que j'ai faites dans cette voie m'ont permis de considérer de plus près les étonnantes propriétés de cette force mystérieuse qui semble régir tout l'univers, de cet agent qui a tant fait dans la chimie et ailleurs, de ce principe dont la science médicale n'en est plus à soupçonner la portée aux services qu'il lui a déjà rendus, de ce *fluide électrique* si saisissant d'analogie avec le fluide nerveux, qu'ils sont déclarés identiques par plus d'un physiologiste.

J'ai donc passé ces dernières années à étudier les propriétés de l'électricité, du galvanisme, et des courants électro-galvaniques et magnétiques. Mes résultats ont été des plus heureux et m'ont procuré les ressources les plus précieuses pour les affections nerveuses, rhumatismales, paralytiques, etc. J'ai dû aussi examiner avec une scrupuleuse attention les mémoires et publications sur ce vaste sujet. Je ne parlerai ici ni des erreurs relevées, ni des procédés redressés par la science contemporaine. Mais je m'empresse de constater que les expériences de quelques-uns de mes savants confrères, que je me ferai un plaisir de nommer plus loin, et les miennes propres, mettent déjà hors de controverse les données que voici : *Au moyen d'appareils convenables et sous la main d'un praticien exercé, l'électricité devient un principe de médication toujours inoffensif, et si soumis qu'on peut en calculer les effets avec une précision qu'on n'obtiendrait de nul autre curatif; restreindre son action à la peau, sans exciter les organes sous-jacents et réciproquement, et communiquer à chaque nerf, à chaque muscle, et même à chaque faisceau musculaire le degré de stimulation qui leur convient, en dosant les effets suivant la région du corps où l'on opère, d'après l'état de force ou de faiblesse des organes ou de la constitution, et cela sans tout ce tatouage barbaresque qui introduit à coups d'aiguilles les courants dans les tissus.* Tous ces faits, souvent constatés et reconnus par les sommités médicales de Paris, sont dès lors acquis à la science. Du reste, tout le monde peut en acquérir la preuve par une vérification facile.

Mais de pareils faits ne révèlent-ils pas dans les fluides électrique, galvanique et magnétique, des trésors non-seulement de soulagement toujours assuré, mais même de guérison certaine de ces infirmités jusqu'ici réputées incurables, parce qu'elles étaient rebelles à tous les curatifs connus; ces fluides méritaient donc d'être l'objet de toute l'attention des gens de l'art, et d'exciter tout le zèle de leur dévoûment. Pour ma part, j'ai depuis longtemps mis tous mes soins à acquérir les connaissances les plus sérieuses, les plus solides et les plus pratiques de leurs prodigieuses propriétés, et en publiant ce livre, je n'ai eu d'autre but que de porter à plus de distance des conseils que j'ai reconnus si souvent utiles près de moi, et de rendre, par un élémentaire aperçu de la médication électrique, confiance aux malades découragés par des essais jusqu'à présent infructueux.

Si, par imprévu, il était donné à ce livre, malgré son insuffisance, de fixer plus vivement l'attention des médecins sur les vertus curatives de l'électricité, d'en faire parmi eux le sujet d'expériences plus complètes que par le passé, je serais d'autant plus heureux que, sous l'autorité de telles impulsions et sur une aussi vaste échelle de moyens, on pourrait voir enfin la médication électrique prendre le rang qu'elle mérite par les ressources nombreuses qu'elle offre à l'art de guérir, et par des succès qui, parfois, semblent tenir du prodige.

ÉLECTRICITÉ, GALVANISME ET MAGNÉTISME

APPLIQUÉS

AUX MALADIES NERVEUSES

ET CHRONIQUES.

⸺⊙⊜◐⸺

Notions générales sur l'Électricité, le Galvanisme et le Magnétisme.

ÉLECTRICITÉ.

Certains corps, tels que la résine, la cire d'Espagne, le verre, l'ambre, étant frottés pendant quelques instants avec de la laine ou de la soie, acquièrent la propriété d'attirer les corps légers, tels que des parcelles de papier, des barbes de plume, la sciure de bois, la moelle de sureau, etc.

La cause de ce phénomène est due à un agent particulier désigné sous le nom d'électricité, du grec *electron*, qui signifie ambre, parce que cette propriété avait été reconnue pour l'ambre du temps de Thalès, six cents ans avant J.-C.

Parmi les corps de la nature, les uns laissent passer facilement l'électricité à travers leurs molécules, et c'est pour cela qu'on leur a donné le nom de *bons conducteurs*; tels sont : les métaux, l'eau, les liquides acides, les végétaux humides, le corps de l'homme et des animaux, etc. D'autres, au contraire, sont dits *mauvais conducteurs*, parce qu'ils conservent l'élec-

tricité au point où elle a été développée et la perdent diffi-
cilement ; tels sont : les résines, la gomme laque, le verre, la
soie, etc.

Les corps non conducteurs peuvent le devenir lorsqu'ils sont
humides ; ainsi l'air sec, qui est mauvais conducteur, devient
bon conducteur s'il est chargé de vapeurs.

L'électricité développée sur les corps bons conducteurs passe
dans l'air s'il est humide, ou dans les autres corps conducteurs
qui les touchent, ou enfin dans le globe terrestre, qui peut être
regardé comme le *réservoir commun* de l'électricité.

Mais il est un moyen de leur faire conserver l'électricité qu'on
leur communique, c'est de les *isoler*, c'est-à-dire de les poser
sur des corps mauvais conducteurs, ou de les suspendre à des fils
de soie. L'*isoloir* dont on se sert le plus souvent est un petit
tabouret à pieds de verre.

Deux sortes d'électricité. Si, au moyen de fils de soie, on
suspend l'une près de l'autre deux petites balles de sureau, et
qu'on les touche avec un morceau de verre électrisé par le
frottement, on les voit à l'instant se repousser ; il en est de
même lorsqu'on opère avec la résine. Mais si l'une est électrisée
avec le verre et l'autre avec la résine, elles s'attirent aussitôt.
C'est ce qui a fait admettre deux sortes d'électricité ; l'une,
vitrée, fournie par le verre, frotté avec la laine ; l'autre, *résineuse*, produite par la résine, frottée avec la laine, la soie ou
les fourrures.

Le fluide vitré porte encore le nom de *positif*, et le résineux
celui de *négatif*; ils sont aussi représentés par les signes + et —.

De l'expérience qui précède on peut conclure : *que les deux
électricités semblables se repoussent, tandis que les deux électricités contraires s'attirent.* La découverte de deux sortes de
fluides est due à Dufay en 1773.

Tous les corps de la nature contiennent de l'électricité.
Elle est dite *neutre* ou à l'état *naturel* lorsque les deux fluides
combinés entre eux y sont en égale quantité, et dans ce cas
ils ne manifestent aucunement leur présence. Mais il n'en est
plus de même lorsque l'électricité est décomposée, et cette décomposition peut avoir lieu par un nombre infini de causes :
frottement, pression, chaleur, actions chimiques, végétation,
nutrition des animaux, etc.

Les corps électrisés contiennent toujours les deux fluides

en très-grande quantité, mais alors l'un d'eux est prédominant.

Electricité par influence. Lorsqu'un corps chargé d'électricité est mis en présence d'un corps conducteur, il peut, bien qu'il ne le touche pas, électriser ce dernier sans lui transmettre son fluide et sans en perdre la moindre quantité. Ainsi, si l'on approche un cylindre de cuivre isolé auprès d'une boule électrisée résineusement, par exemple, celle-ci décompose par influence l'électricité naturelle du cylindre; elle attire dans l'extrémité qui lui est voisine le fluide vitré et repousse le fluide résineux à l'autre extrémité. Si l'on éloigne ensuite le cylindre, ses deux fluides, qui n'ont été que séparés, se recombinent, et il revient à l'état naturel; mais si avant de l'éloigner, on le touche avec le doigt ou un corps conducteur, il perd l'électricité résineuse, qui se rend dans le réservoir commun, et il reste électrisé vitreusement.

Etincelle électrique. Si l'on approche assez près l'un de l'autre deux corps bons conducteurs chargés d'électricité différente, leurs fluides s'attirent mutuellement, et finissent par se réunir en produisant une explosion et une étincelle. La même chose aurait lieu quand l'un des deux corps serait seul électrisé.

Pouvoir des pointes. L'électricité se porte à la surface des corps, où elle est maintenue lorsqu'ils sont isolés par la pression de l'air s'il est sec. Dans les corps sphériques, la couche d'électricité est partout la même. Dans un cône, au contraire, l'épaisseur de cette couche augmente rapidement de la base au sommet, où elle atteint son maximum de tension et s'écoule facilement dans l'air; c'est ce qui a donné l'idée des *paratonnerres*, qui sont terminés en pointe, et qui, au moyen de l'électricité qu'ils reçoivent de la terre, vont neutraliser celle des nuages.

L'intensité de la force électrique se mesure au moyen des *électromètres* et des *électroscopes*, qui servent également à faire reconnaître l'espèce d'électricité.

Vitesse de l'électricité. Le fluide électrique parcourt environ 100,000 lieues par seconde. Sa vitesse surpasse celle de la lumière qui nous arrive du soleil en 8 minutes 13 secondes, ce qui fait 75 à 80,000 lieues par seconde.

Appareils électriques. Les principaux appareils dont on se sert pour se procurer de l'électricité par le frottement sont : la machine électrique et l'électrophore. Ceux dont on se sert pour en accumuler une certaine quantité sont : la bouteille de Leyde, les batteries électriques, qui sont les principaux *conden-sateurs*.

La machine électrique se compose : 1° d'un corps frotté qui est un plateau de verre circulaire, placé de champ, et qu'on fait tourner au moyen d'une manivelle; 2° de corps frottants, qui sont quatre coussinets rembourrés de crins saupoudrés d'or mussif (ou sulfure d'étain), s'appliquant exactement sur la surface du plateau; 3° d'un conducteur métallique reposant sur des pieds de verre. En faisant tourner le plateau, l'électricité vitrée ou positive s'accumule sur le conducteur, tandis que la négative passe dans les coussins pour se rendre ensuite dans le sol.

La bouteille de Leyde, inventée en 1745, à Leyde, par Mus-chenbrock, consiste en une bouteille de verre remplie de feuilles d'or, et recouverte extérieurement d'une feuille d'étain qui s'élève à un ou deux centimètres du bord supérieur. Ces feuilles d'or et d'étain sont appelées les *armatures* de la bouteille. Une tige métallique terminée par un bouton sort par le goulot, et sert à mettre l'intérieur de la bouteille en communication avec une source électrique, telle que le conducteur de la machine électrique, par exemple, ou l'électrophore. Si la source est vitrée, l'intérieur de la bouteille prend la même électricité, tandis que l'armature extérieure se charge d'électricité résineuse. Vient-on au moyen d'un arc métallique appelé *excitateur* à mettre en rapport les deux armatures, ce qui se fait en posant l'une de ses branches sur le bouton et l'autre sur la panse de la bouteille, il se produit aussitôt une forte étincelle provenant de la recomposition subite des deux fluides.

Si deux ou plusieurs personnes forment la chaîne en se tenant par la main et qu'elles jouent le rôle d'excitateur, la première tenant la bouteille, la dernière touchant le bouton, elles ressentent toutes en même temps une commotion plus ou moins violente.

Les batteries électriques sont formées par l'assemblage de plusieurs bouteilles de Leyde.

GALVANISME.

En 1789, Galvani, professeur de physique à Bologne, s'occupait de recherches physiologiques et de questions relatives au principe vital. Un jour qu'il avait suspendu plusieurs grenouilles, fraîchement tuées et écorchées, à un balcon de fer, par des crochets de cuivre engagés dans les nerfs lombaires, il fut fort étonné en voyant les grenouilles s'agiter avec des mouvements convulsifs, toutes les fois que les muscles de leurs pattes venaient à toucher le fer du balcon.

Il varia cette expérience de plusieurs manières, et reconnut que les convulsions se répétaient aussitôt que les muscles et les nerfs étaient mis en communication, à l'aide d'un arc métallique; il crut remarquer aussi qu'elles étaient plus fortes et plus durables quand cet arc était formé de deux métaux différents. Il attribua alors ce fait à une *électricité animale* qui serait en circulation dans tous les corps animés, et la plupart des physiciens de cette époque assimilèrent ce fluide, qu'on appela aussi *galvanique*, au principe de l'influence nerveuse.

Mais Volta, professeur de physique à Pavie, et dont le nom est devenu depuis si justement célèbre, expliqua ces phénomènes d'une manière toute différente. Pour lui, les mouvements de la grenouille étaient dus à la recomposition des deux fluides électriques, développés par le *contact* de deux métaux différents.

Galvani répondit à cette objection en prouvant qu'avec un seul métal, *et même sans métal,* on obtenait des contractions, et qu'il suffisait de faire toucher les nerfs lombaires aux muscles. Volta généralisa alors sa proposition, et prétendit que le seul *contact* de substances hétérogènes quelconques, développait de l'électricité. Nous verrons plus loin comment on peut concilier ces deux manières de voir.

Volta reconnut que l'action se manifestait d'une manière plus prononcée entre le zinc et le cuivre, le zinc s'électrisant positivement et le cuivre négativement. Ces deux métaux, mis en contact, forment ce qu'on appelle un *élément* ou *couple* voltaïque.

Pile de Volta. En plaçant à la suite les uns des autres plusieurs éléments séparés par un morceau de drap mouillé ou par un liquide conducteur, Volta inventa la pile qui porte son nom. Elle a depuis lors subi plusieurs modifications dans les piles de Wollaston, de Dulong, de Daniell, de Bunsen, de M. Becquerel, etc., que notre cadre ne nous permet pas de décrire.

Disons seulement que dans toutes les piles le fluide positif s'accumule à une extrémité à laquelle on a donné le nom de *pôle positif*, tandis que le fluide négatif se rend à l'autre extrémité qui a reçu le nom de *pôle négatif*. Deux fils métalliques adaptés aux deux pôles, et dont les extrémités ont reçu le nom d'*électrodes*, servent à mettre les deux fluides en communication. Si l'on rapproche suffisamment les deux électrodes, on voit jaillir de petites étincelles produites par la combinaison des deux fluides à travers l'air. Mais si les deux électrodes se touchent sans être séparés, l'électricité n'apparaît plus à l'extérieur, et il s'établit dans les fils conducteurs un courant appelé *courant galvanique*.

Les deux fluides, *positif* et *négatif*, marchent donc à la rencontre l'un de l'autre. Toutefois, afin d'éviter les circonlocutions et les équivoques, lorsqu'on parle d'un courant galvanique, on est convenu de n'envisager que le courant positif. Ainsi on dit que *le courant va du pôle positif au pôle négatif, en dehors de la pile, à travers les fils conducteurs*, tandis que dans l'intérieur de la pile elle-même, il va du pôle négatif au pôle positif.

La quantité d'électricité produite par une pile dépend de la surface des éléments qui la composent; mais la tension galvanique dépend de leur nombre. On peut faire varier cette tension en augmentant ou en raccourcissant la longueur de la pile, ce qui se fait tout simplement en changeant de place l'un des fils conducteurs.

Les courants sont dits *continus* lorsque le courant reste *fermé*, c'est-à-dire lorsque les deux électrodes se touchent sans être séparés ; on les rend *intermittents*, lorsque le courant est tour à tour fermé et ouvert.

Les courants électriques, quelle qu'en soit la source, ont une grande influence sur l'aiguille aimantée, qu'ils font dévier dans un sens ou dans l'autre, suivant la direction du courant. Cette découverte est due à Oersted, professeur à Copenhague, en 1820. C'est sur ce fait que repose la construction d'un appareil appelé *galvanomètre* ou *rhéomètre*, qui sert à reconnaître l'existence, l'intensité et la direction des courants.

PILES THERMO-ÉLECTRIQUES. Nous avons dit que la chaleur seule est capable de développer de l'électricité. Le docteur Schebeck, en 1821, reconnut qu'en chauffant la soudure d'un barreau de bismuth avec un fil de cuivre, il se produit un courant électrique. MM. Oersted et Melloni formèrent alors des piles thermo-électriques avec des tiges de métaux différents soudés ensemble, et constatèrent l'existence des courants à l'aide du galvanomètre, toutes les fois que les soudures étaient chauffées inégalement.

ÉLECTRICITÉ PRODUITE PAR LES ACTIONS CHIMIQUES. Il n'est pas une action chimique, combinaison ou décomposition, qui ne donne lieu à un dégagement d'électricité. Aussi l'hypothèse de Volta, qui admettait entre les deux disques, cuivre et zinc, de son couple voltaïque, une force *électromotrice* présidant au développement de l'électricité, est-elle maintenant rejetée par la plupart des physiciens. Ils expliquent la production de l'électricité par l'*action chimique*. Cette production, en effet, n'a lieu que lorsque les deux métaux sont eux-mêmes en contact avec un liquide, et elle est d'autant plus abondante que le liquide est plus acide et que le métal est plus facilement attaquable par l'acide.

ÉLECTRO-MAGNÉTISME.

Nous avons déjà parlé de l'influence des courants sur l'aiguille aimantée. Les aimants exercent aussi une action réciproque sur les courants. Cette partie de la physique a été l'objet des travaux de plusieurs physiciens; mais c'est à MM. Oersted et Ampère qu'elle doit ses principales découvertes.

Au moyen d'un courant galvanique, on peut communiquer au fer une puissance magnétique considérable; pour cela on prend un morceau de fer doux en fer à cheval, et l'on enroule autour de ses branches un fil de cuivre recouvert de soie, dont on fait communiquer les deux extrémités avec les deux pôles d'une pile. Cet appareil, qui porte le nom d'*électro-aimant*, agit alors comme un aimant d'une force extraordinaire, puisqu'on peut lui faire porter plus de 400 kilog. de fer. Il perd cette propriété aussitôt que le fil enroulé n'est plus en rapport avec les pôles de la pile.

Courants par induction. On nomme ainsi les courants qui se développent dans les corps par l'influence d'autres courants ou par l'influence des aimants. Cette découverte, qui est due à Faraday, en 1831, est peut-être plus précieuse pour la physiologie et la médecine que celle de Galvani, comme nous le verrons plus loin.

On donne le nom de *courants par induction*, de *courants induits*, à ceux qui se développent dans les corps sous l'influence d'autres courants, et le nom de *courant inducteur* au courant primitif, qui fait naître les courants induits.

Les courants d'induction se transmettent au moyen de fils de cuivre recouverts de soie et enroulés en spires serrées, de manière à former une bobine, au centre de laquelle se trouve tantôt un fer doux, tantôt un aimant.

Ils sont dits de *premier ordre*, lorsqu'ils viennent directement de ce fil ; de *second ordre*, lorsqu'ils naissent dans un autre fil superposé au premier, sans être en communication directe avec la source : ces deux espèces de courants jouissent de propriétés spéciales.

Les machines à l'aide desquelles on obtient ces courants, sont dites appareils *magnéto-électriques* lorsque les courants d'induction prennent leur source dans un aimant : tels sont les appareils de Pixii, de Clarck, de Dujardin et Breton, elles portent le nom de *volta-électriques* lorsque les courants prennent leur source dans une pile, comme dans l'appareil Duchenne.

Ces courants sont toujours intermittents. Au moyen d'un *régulateur* on peut régler la force du courant initial ; un *graduateur* règle celle des courants induits ; enfin il y a un *commutateur et une roue dentée* pour les intermittences.

Electricité atmosphérique.

Les principales causes de l'électricité atmosphériques sont : le frottement de l'air contre la terre, sa condensation, sa dilatation, et surtout l'évaporation et la végétation. L'électricité est quelquefois si abondante dans l'atmosphère, que les buissons et les arbres deviennent lumineux. On dit que dans la nuit du 17 janvier 1817, plusieurs personnes aux États-Unis, virent les oreilles, la queue et la crinière des chevaux surmontées d'aigrettes lumineuses et vacillantes, semblables à celles que produirait la machine électrique dans l'obscurité.

Electricité terrestre.

Le globe terrestre, ce réservoir commun de l'électricité, est composé d'une infinité de substances hétérogènes qui, par leur contact et les actions chimiques qui s'exercent entre elles, donnent lieu à un immense développement d'électricité qui doit entrer pour beaucoup dans la cause des éruptions volcaniques.

Dans les temps sereins, la terre possède toujours un excès d'électricité négative (Reid et Pelletier). L'influence que les nuages exercent entre eux et avec la terre, est la cause des trombes et des orages. Les *éclairs* ne sont autre chose que l'étincelle produite par la recomposition de deux électricités différentes, et le *tonnerre* est le bruit qu'elle produit. La lumière parcourant 75,000 lieues par seconde, l'éclair est vu aussitôt qu'il a lieu, tandis que le tonnerre ne s'entend que plus ou moins longtemps après, puisque le son ne parcourt dans l'air que 340 mètres par seconde. Le nombre de secondes qui s'écoulent entre l'éclair et le tonnerre permet, comme on le voit, de calculer la distance à laquelle on se trouve d'un orage.

Les éclairs dits de chaleur ne font entendre aucun bruit, à cause de leur grand éloignement de nous.

Si l'on se rappelle ce que nous avons dit page 13, sur le pouvoir des pointes, on comprend pourquoi les arbres, les lieux élevés, sont plus exposés aux accidents de la foudre, et comment le paratonnerre peut les préserver. Le célèbre Franklin, à qui on en doit l'invention, est celui qui le premier a prouvé l'identité de la foudre avec l'électricité de nos machines.

Électricité produite par la végétation.

MM. Pouillet et Donné ont constaté un dégagement d'électricité dans la végétation. L'absorption, la respiration, la nutrition et les sécrétions des végétaux donnent lieu en effet à des actions chimiques incessantes qui produisent une quantité énorme d'électricité. M. Donné ayant implanté les deux fils d'un galvanomètre à côté l'un de l'autre vers la queue d'un fruit, a vu l'aiguille aimantée se dévier de 15 à 30°.

Électricité dans les animaux.

Certains poissons, au moyen d'un organe particulier, ont la faculté de produire à leur gré des décharges électriques dont ils se font un moyen d'attaque ou de défense ; tels sont la torpille, l'anguille de Surinam ou gymnote électrique, et le silure, qui donnent des commotions assez semblables à celles de la bouteille de Leyde, et assez fortes pour foudroyer d'autres animaux. Il se produit aussi de l'électricité dans le corps de tous les autres animaux et dans celui de l'homme ; mais comme ils n'ont pas d'organe spécial propre à l'accumuler, elle est sujette à des déperditions incessantes qui ne lui permettent pas de se manifester comme dans les poissons dont nous venons de parler. Toutefois, nous croyons que chez certaines personnes et dans quelques circonstances, elle peut s'accumuler ; de là le malaise, les spasmes des personnes nerveuses, certains soubresauts des tendons, et les secousses instantanées et semblables aux commotions électriques qu'elles éprouvent dans leur premier sommeil, et quelquefois pendant le jour.

L'expérience de Galvani suffirait déjà pour prouver qu'il se développe de l'électricité dans l'économie animale. M. Matteucci (*Annales de physique et de chimie*, tome 6, 3e série) a montré par des expériences nombreuses qu'il existe dans la grenouille un courant propre dirigé des pattes vers la tête, et de l'intérieur des muscles à leur surface. Aldini ayant composé une espèce de pile avec des morceaux de cuisses de grenouilles dépouillées, et disposés alternativement dans un sens contraire, de cette manière | — | — | , a vu un courant s'établir. L'expérience a encore réussi dans les animaux à sang chaud, tels que le chien, le lapin, etc. ; mais comme ils conservent leur vitalité moins longtemps que les grenouilles, il a fallu opérer avec promptitude.

Toutes les fonctions du corps humain donnent lieu à la production de l'électricité : respiration, digestion, nutrition, calorification, sécrétions diverses. M. Becquerel ayant placé une lame de platine dans le foie d'un animal, et l'autre dans la vessie, et les mettant en rapport avec les fils d'un galvanomètre, a vu qu'il existe un courant allant du foie à la vessie.

Hébert a observé un courant au moment où les muscles d'un homme se contractent au voisinage d'une barre de fer.

Dernièrement M. Dubois-Reymond a soumis ces courants à des lois simples et remarquables. Au moyen de galvanomètres très-délicats, il a constaté aussi qu'il se produit dans notre organisation des courants électriques qui deviennent sensibles, lorsqu'on contracte les muscles de l'un ou l'autre bras.

Suivant Pfaff et Ahrens, l'électricité du corps humain est ordinairement positive dans l'état de santé. Elle est plus souvent négative chez la femme que chez l'homme, surtout pendant la période menstruelle.

D'autres expérimentateurs ont reconnu que la quantité d'électricité augmente pendant la fièvre et l'excitation de quelques personnes nerveuses, tandis quelle disparaît presque entièrement chez les cholériques ; elle diminue aussi notablement chez les personnes condamnées à l'abstinence prolongée.

Une quantité convenable rend l'homme vigoureux, agile, dispos ; en excès ou en défaut elle cause ou entretient un grand nombre de maladies. Son rôle, comme on le voit, est aussi important dans l'étude de l'homme sain ou malade, que celui des autres agents naturels, tels que la lumière, la chaleur, l'air, etc.

L'état électrique de l'atmosphère subissant à certaines heures du jour, et suivant les saisons, des variations sensibles aux électroscopes, exerce une grande influence sur l'homme. M. le docteur Turley, de Worcester *(Union Médicale*, octobre 1851), d'après des observations suivies faites pendant quatre années consécutives (1845-1848), a reconnu que la moyenne de l'électricité a été de 47 en juin et de 605 pour janvier (je me dispense de donner ici le chiffre de chaque mois) ; « admirable disposition, dit-il, qui permet à l'électricité, *l'alliée de la vitalité*, de communiquer une plus grande énergie pendant la saison d'hiver, alors que les fonctions sont engourdies par le froid. D'un autre côté, l'électricité de l'air subit des variations diurnes : son maximum a lieu en été avant huit heures du matin, et en hiver à dix heures. De là, sans aucun doute, cet abattement, cette faiblesse, ce malaise que nous éprouvons à certains moments où l'électromètre est inactif. Cette explication dira peut-être aux médecins pourquoi certains jours les maladies qu'ils traitent paraissent faire des progrès fâcheux, tandis que d'autres fois, lorsque l'électromètre marque plus d'électricité, les malades marchent plus rapidement vers la santé ; et ce n'est pas trop s'aventurer que de dire que la vitalité des végétaux et des animaux est dans le plus ou le moins d'électricité. »

Je citerai un fait qui aura sans doute frappé la plupart de mes confrères. En juin 1849, ayant été délégué par M. le ministre pour porter des soins aux malheureux cholériques du faubourg Saint-Marceau, quartier le plus maltraité de Paris, j'ai observé qu'à la suite d'un violent orage survenu le 8 ou

9 juin, journée la plus désastreuse, la mortalité a commencé par décroître de jour en jour.

Que conclure de tout ceci ?... La plupart des physiologistes, frappés de ce fait, savoir que l'électricité se comporte absolument comme le fluide nerveux, puisqu'elle peut le suppléer, et qu'elle excite les mêmes contractions musculaires, de sorte qu'on peut, chez un animal récemment tué ou chez un supplicié, reproduire à volonté tous les mouvements des membres et jusqu'aux expressions de la physionomie, comme le rire, la joie, la tristesse, la terreur, la colère, etc.; la plupart des physiologistes, disons-nous, ont pensé qu'il y avait identité complète entre le fluide électrique et le fluide nerveux.

Quoi qu'il en soit, et sans vouloir ici trancher la question, nous dirons que si le fluide électrique et le fluide nerveux ne sont pas identiques, ils ne sont pas moins indispensables l'un que l'autre au maintien de la vie. Lorsque ces principes se trouvent en quantité convenable, et que leur répartition se fait normalement dans chaque organe, ils y apportent le bien-être, le calme, la force, en un mot la santé dans toute son expression. Si, au contraire, ils prédominent dans un organe aux dépens des autres, s'ils sont en excès ou en moins, on voit bientôt apparaître les spasmes, le désordre, l'agitation, et une infinité de maladies nerveuses, névralgiques, rhumatismales, paralytiques. Lorsqu'ils ne sont plus en quantité suffisante, comme dans le choléra et certaines affections nerveuses ou typhoïdes, la vie s'éteint alors comme une lampe à laquelle l'huile vient à manquer.

Nous ne nous étendrons pas davantage sur ces considérations, qui trouveront leur complément lorsqu'il sera question de chaque maladie en particulier.

Effets généraux de l'électricité.

On appelle électricité *statique*, c'est-à-dire à l'état de repos, celle qu'on obtient par le frottement avec la machine électrique et l'électrophore, et qu'on accumule dans la bouteille de Leyde. On donne le nom d'électricité *dynamique*, c'est-à-dire d'électricité à l'état de mouvement et de courant, à l'électricité de contact (galvanisme), et à celle d'induction qu'on obtient soit avec la pile, soit avec les appareils électro-magnétiques.

Les effets de l'électricité statique sont instantanés et cessent avec la décharge des machines ; tandis que l'action de l'électricité dynamique est continue et persiste tant que dure le courant.

La machine électrique et l'électrophore donnent des étincelles et des commotions qui sont beaucoup plus fortes avec la bouteille de Leyde. L'étincelle de cette dernière peut enflammer l'alcool, l'éther, la poudre, ainsi que le mélange d'oxygène et d'hydrogène qu'on introduit dans le pistolet de Volta pour former de l'eau. Les batteries électriques ont des effets plus puissants encore ; elles peuvent tuer un oiseau, un lapin, et même un bœuf ; elles rougissent, fondent et volatilisent des fils métalliques ; elles décomposent l'eau en ses principes hydrogène et oxygène. Enfin tout le monde connaît les effets de la foudre qui fond et volatilise les métaux, brise les arbres et les mauvais conducteurs, fond le sable, et répand sur son passage la terreur et la mort.

La pile voltaïque fait éprouver des commotions aux personnes qui ont les deux mains en rapport avec les deux pôles ; les électrodes appliqués sur la peau font éprouver tantôt des sensations, tantôt des contractions, suivant la manière d'agir de l'opérateur. La chaleur des courants galvaniques peut rougir les fils métalliques fins, enflammer des cônes de charbon placés dans le vide en produisant la *lumière électrique*, dont l'éclat est si vif et si brillant. Ils décomposent l'eau en oxygène qui se rend au pôle positif, et en hydrogène qui va au pôle négatif. Les acides, les oxydes et les sels sont également décomposés ; l'oxygène ou les acides se rendant au pôle positif, les oxydes ou le métal au pôle négatif. Tout le monde connaît les belles et curieuses applications de l'électricité aux arts et à l'industrie ; la *galvanoplastie*, dont les premières expériences ont été faites en 1837 par M. Jacobi, de Saint-Pétersbourg, et dont les procédés de dorure et d'argenture ont été si habilement perfectionnés par MM. de Ruolz et Elkington ; les *télégraphes électriques* qui transmettent à l'instant même les dépêches à toute distance, la nuit comme le jour, sans avoir besoin de stations intermédiaires.

Les effets chimiques des courants d'induction sont moins énergiques que ceux de la pile, mais leurs effets physiologiques sur la sensibilité et sur le mouvement sont beaucoup plus prononcés ; double avantage dont la médecine a su tirer le plus grand profit.

Nous n'avons fait que mentionner ici les effets physiologiques des différentes sources d'électricité, nous réservant de le faire avec soin dans le chapitre suivant ; nous dirons aussi quelques mots des actions thérapeutiques, qui seront exposées plus au long à propos des affections qui les réclament.

PROCÉDÉS D'ÉLECTRISATION.

« On s'est beaucoup exagéré, disait M. Sarlandière en 1836, le danger des commotions électriques ; l'idée que la foudre n'est qu'une étincelle électrique, celle des batteries capables de tuer un bœuf, celle d'appareils galvaniques qui mettent en fusion le diamant et rougissent instantanément un barreau de fer, portent l'effroi dans l'imagination ; et cette terreur semble dominer quelques médecins quand on propose d'électriser des personnes d'une complexion délicate ou facilement irritables. Ils ne réfléchissent pas que les appareils qui produisent la foudre, qui tuent un bœuf, fondent le diamant et brûlent le fer, sont d'une si gigantesque proportion, que nos appareils de traitement n'en sont, en quelque sorte, que le simulacre et l'échantillon. Les individus les plus impressionnables s'habituent facilement aux chocs électriques après quelques jours d'usage. »

D'après notre pratique journalière, nous dirons qu'il n'est aucun malade qui ne supporte, sans éprouver la moindre sensation désagréable, la première séance d'électrisation. Aujourd'hui, en effet, la perfection des instruments, leur précision est telle qu'on peut abaisser la force des courants de manière à n'éprouver d'abord qu'un simple frôlement, semblable à un courant d'air, ou un peu de chatouillement de la peau sans aucune commotion. La graduation se fait ensuite d'une manière insensible pour arriver à une limite appropriée avec la susceptibilité des organes ou des individus.

L'ÉLECTRICITÉ STATIQUE peut être donnée en *bains positif* ou *négatif*.

Par *étincelles* avec ou sans bains, par pointes ou par boules.

Par *frictions*,   id.

Par *commotions*.

L'ÉLECTRICITÉ DYNAMIQUE peut être

superficielle ⎞ *bains*.
ou cutanée ⎠ *brosses, fustigations, moxa*, etc.

profonde ⎰ *directe* appliquée aux muscles ;
indirecte aux troncs nerveux ;
enfin appliquée à tous les organes profondément situés, tels que le foie, la vessie, etc.

On peut agir pour l'électricité statique et dynamique

1° En piquant la peau ⎰ *électro-puncture*,
galvano-puncture, procédés que nous
avons bannis de notre pratique et
qui ne doivent être réservés que
pour quelques cas spéciaux rares.

2° *Sans intéresser la peau.*

Enfin nous sommes arrivés à pouvoir, dans tous les cas, électriser ou magnétiser superficiellement ou profondément *à travers des habits légers ou quelque linge fin.*

1° *Electrisation par bains.* La personne à électriser est montée tout habillée sur un isoloir et mise en communication avec la machine électrique ; elle reçoit alors un bain d'électricité positive, que Giacomini et d'autres auteurs italiens regardent comme excitant. Si, au contraire, elle est mise en rapport avec une source résineuse, elle reçoit un bain électro-négatif, que l'école italienne range parmi ses plus précieux sédatifs, et qu'elle regarde comme une espèce de saignée électrique, agissant utilement dans les névroses, les spasmes, la dyspnée, etc.

Ce bain, dont les effets sont généralement peu appréciables, peut favoriser les fonctions de la peau, et augmente quelquefois la transpiration d'une manière sensible. Il peut trouver son utilité dans les cas d'agitation, de malaise nerveux général, de spasmes, d'étouffements, etc.

2° *Electrisation par étincelles.* La personne étant toujours montée sur l'isoloir, l'opérateur approche de la partie du corps dont il veut tirer une étincelle un corps conducteur isolé par un manche de verre ou non, tantôt en bois, tantôt en métal, terminé en pointes, communiquant ou non avec le sol par une chaîne conductrice. Ces différents procédés, qu'on peut varier de mille manières, donnent des étincelles, des commotions plus ou moins fortes ; les uns sont applicables aux yeux, peuvent provoquer les larmes, dissiper des taies, et tarir des sécrétions vicieuses ; d'autres s'adressent à des organes moins sensibles, à la face, à la tête, enfin aux membres, au tronc, etc. ; les uns agissent mieux sur la sensibilité, d'autres sur la contractilité, etc.

3° *Frictions électriques.* On couvre de flanelle une partie quelconque de la surface du corps de la personne placée comme ci-dessus ; et on passe sur cette flanelle ou très-près d'elle un excitateur terminé en boule, promené en différents points, comme un fer à repasser. Les villosités de la flanelle deviennent alors autant de petits conducteurs de l'action excitante, qui produit un fourmillement accompagné d'une douce chaleur, d'un peu de rougeur et de transpiration. On obtient des effets analogues avec une espèce de balai métallique.

Dans les deux procédés par étincelles et par frictions, l'action générale du bain électrique se joint à l'effet local, si la personne est isolée. Lorsqu'on ne veut obtenir que ce dernier, il suffit de ne pas isoler le malade.

Les névralgies, les rhumatismes récents, l'aménorrhée, les spasmes, la dyspnée, certaines coliques nerveuses de l'estomac et des intestins, etc., réclament l'emploi de ces moyens, qui amènent souvent une guérison instantanée, et presque toujours une amélioration notable.

4° *Electrisation par la bouteille de Leyde.* Lorsqu'on veut agir plus énergiquement et obtenir des contractions musculaires, on se sert de la bouteille de Leyde. Disons tout d'abord que quoiqu'on en puisse assez bien graduer les effets au moyen de l'électromètre de Lane, nous avons complétement abandonné ce procédé, qui, par ses commotions, ses secousses désagréables est rarement supporté par les malades et peut causer des accidents. Les courants électro-magnétiques, dont nous nous occuperons dans un instant, ont des effets infiniment plus avantageux, plus constants, plus calculables, et toujours exempts de danger.

Électrisation a l'aide des courants galvaniques et électro-magnétiques. Appliqué aux nerfs, un courant est appelé *centrifuge* quand il circule du tronc vers les extrémités nerveuses ; il est dit *centripète*, quand il suit une marche contraire.

La galvanisation appliquée aux muscles a aussi été appelée *indirecte* lorsque les courants sont dirigés sur le nerf principal d'un membre afin d'obtenir des mouvements d'ensemble dans tous les muscles qui en dépendent ; *directe* lorsque l'électricité est appliquée à chaque muscle en particulier.

En 1825, M. le docteur Sarlandière eut l'idée de faire pénétrer l'électricité statique dans les muscles ou dans les nerfs au moyen d'aiguilles implantées dans les tissus ; c'est ce qu'on appela l'*électro-puncture*. La *galvano-puncture* était un procédé analogue qui consistait à mettre les deux pôles d'une pile en rapport avec les aiguilles. Tous les praticiens qui depuis cette époque se sont occupés d'électricité, ont cru qu'il fallait agir ainsi si l'on voulait porter la puissance électrique directement sur les organes placés sous la peau ou plus profondément. Il est facile de comprendre tout ce qu'une telle méthode a de défectueux. Il est en effet impossible, par ce moyen, d'empêcher la déperdition du fluide sur la peau au point où les aiguilles la traversent. La plus grande partie de l'électricité se porte donc sur celle-ci dans des cas où cela est inutile, et où il conviendrait de la respecter. On peut, il est vrai, recouvrir les aiguilles d'une couche isolante, mais la douleur n'en est guère moins vive, et l'électricité ne stimulant que les fibres musculaires les plus voisines de leurs pointes, on se trouve obligé, lorsqu'il s'agit de muscles larges, de les implanter successivement sur un très-grand nombre de points d'un même muscle. Les inconvénients se multiplient si l'on veut électriser séparément, et cela pendant plusieurs séances, tous les muscles d'une même région, comme dans les paralysies. Aussi rencontrait-on peu de malades qui eussent le courage de se soumettre aussi longtemps qu'il l'aurait fallu à un traitement si long, si désagréable, si pénible, même pour le médecin ; qui amenait souvent des escarres à la peau, des tumeurs purulentes, et qui pouvait laisser des traces indélébiles fâcheuses lorsque c'était aux endroits exposés à la vue, tels que la face, le cou, les bras, les mains, etc.

Quelques praticiens, afin d'éviter un aussi grand nombre de piqûres sur le même membre, prétendaient en électriser tous les muscles en enfonçant les aiguilles dans le nerf principal.

Sans parler de la déperdition presque complète qui a lieu sur la peau, où de vives douleurs sont excitées inutilement, nous ferons remarquer que le meilleur anatomiste même n'est jamais sûr d'arriver toujours directement sur un nerf profondément situé, et que cela devient impossible lorsque ce nerf prend naissance dans une cavité où l'on ne peut pénétrer, comme le bassin pour certains nerfs du membre inférieur. En opérant à la fois sur tous les muscles d'un membre, on contracte en même temps les fléchisseurs et les extenseurs, on donne la même dose à ceux qui sont complétement paralysés et à ceux qui sont sains ou qui sont peu affectés, ce qui devient non-seulement un inconvénient, mais très-souvent une cause d'insuccès.

Enfin, quoi qu'on en ait dit, nous ne regardons pas comme toujours exempte de dangers la piqûre des nerfs ; nous sommes persuadés, au contraire, qu'elle peut dans certains cas produire de graves accidents.

L'acupuncture jointe au galvanisme ne nous paraît devoir être conservée que lorsqu'on veut agir chimiquement sur le sang pour le coaguler, comme dans les anévrysmes, les varices, etc.

Les belles et intéressantes recherches du docteur Duchenne et celles que nous avons faites ensuite nous-même, permettent aujourd'hui d'isoler à volonté la puissance électrique dans chaque organe en particulier, d'agir exclusivement, tantôt sur la peau, tantôt profondément, sur tel ou tel muscle, tel ou tel nerf, etc., et cela, sans la moindre incision ni piqûre, sans la moindre altération de l'épiderme.

Différents procédés sont mis en usage :

1° *Electrisation superficielle ou cutanée.* Des excitateurs métalliques sont fixés aux électrodes de l'appareil galvanique ou magnétique et placés sur la peau, tantôt desséchée avec une poudre absorbante, tantôt à l'état naturel, tantôt légèrement humectée, suivant qu'on veut agir superficiellement ou dans son épaisseur. Ces excitateurs peuvent être *pleins*, cylindriques, en fer à repasser, ou ovalaires ; ou bien encore formés de *fils métalliques* disposés en vergettes, en brosses ou en balais, qu'on promène sur la peau en la frappant légèrement ; procédé auquel on a donné le nom de *fustigation électrique*. Le *moxa électrique* consiste à les laisser quelque temps au même endroit. Pour agir utilement, le praticien doit tenir compte de l'épaisseur de la peau, suivant les individus, et de la susceptibilité de cette enveloppe, qui n'est pas la même dans toutes les régions du corps. Il doit varier les procédés, les employer tantôt seuls, tantôt associés, suivant les indications particulières.

La galvanisation superficielle excite énergiquement les fonctions de la peau. Elle la rougit, y développe une douce chaleur, favorise la circulation capillaire, la transpiration et les sécrétions. C'est le moyen le plus précieux, le plus efficace à opposer aux douleurs névralgiques, rhumatismales, goutteuses, aux paralysies de la sensibilité, etc., cas où le succès est, presque sans exception, toujours prompt et infaillible. Elle n'agit pas moins avangeusement dans la gastralgie (douleurs d'estomac), l'entéralgie (douleurs des intestins), les coliques nerveuses, les douleurs profondes de la tête, de la poitrine, du cœur, de la matrice et des reins; dans l'aménorrhée, sur certaines tumeurs, etc.

2° *Electrisation profonde.* Lorsqu'on veut faire pénétrer l'électricité dans un muscle ou dans tout autre organe placé sous la peau, on doit se servir d'excitateurs garnis d'éponges ou d'amadou humide. Le malade n'accuse alors aucune sensation superficielle; car, la peau étant devenue conductrice, la recomposition des courants a lieu dans les organes profondément situés. La forme des excitateurs est variable : ils sont larges, si l'on veut stimuler des muscles larges; coniques, si l'on veut stimuler des muscles étroits ou des nerfs; en forme de sonde et isolés jusqu'à leur extrémité, s'ils doivent être portés dans la vessie, le rectum, l'oreille, etc.

La sensibilité des muscles, du tronc et des membres étant en général très-obtuse, étant même diminuée ou anéantie dans certaines paralysies, on peut électriser, dans une même séance, tous les muscles paralysés, sans amener la surexcitation nerveuse cérébrale que causait toujours la galvano-puncture, en déterminant sur la peau une chaleur et une douleur agaçante et insupportable.

Le procédé que nous employons permet donc d'arriver plus vite et bien plus sûrement à la guérison des rétractions et des faiblesses musculaires, des déviations de la colonne vertébrale et des paralysies, quelle qu'en soit la cause : apoplexie, inflammation de la moelle épinière, empoisonnement par le plomb, luxations, rhumatisme, hystérie, etc.

Des connaissances *anatomiques* précises sont indispensables à celui qui veut limiter exclusivement la puissance électrique dans les organes, muscles, nerfs, etc., qu'il se propose d'exciter. Il faut de plus qu'il connaisse parfaitement le degré d'excitabilité de chacun d'eux en particulier ; car telle dose d'électricité à peine suffisante pour contracter faiblement un muscle de la colonne vertébrale ou de la fesse, déterminerait, si elle était appliquée à la face, sur les régions latérales du cou, ou. autres endroits très-sensibles, des contractions si énergiques et des douleurs si violentes, qu'il pourrait en résulter des inconvénients plus ou moins graves.

Il doit aussi, dans certains cas, tenir compte de la direction du courant appliqué à un nerf, courant qui, comme nous l'avons dit, peut être centrifuge ou centripète.

Enfin, bien que les courants galvaniques et les courants par induction de différents ordres aient des propriétés communes dont nous venons de parler, ils jouissent de propriétés spéciales qu'il ne faut jamais oublier ; propriétés qui les rendent très-précieux dans certains cas, inutiles et nuisibles dans d'autres.

Ainsi les courants galvaniques produisant toujours une action chimique et une chaleur plus ou moins considérables, peuvent, dans la galvanisation superficielle, déterminer sur la peau la formation de vésicules et même d'escarres ; dans la galvanisation profonde ils causent quelquefois une chaleur intolérable. D'un autre côté cette action chimique trouve son utilité lorsqu'on veut décomposer les humeurs vicieuses de certaines plaies languissantes, de certains ulcères ; changer le mode de sécrétion acide ou alcaline par l'interposition des pôles de la pile ; coaguler le sang dans les anévrysmes ou les varices pour en obtenir la guérison ; faire pénétrer des médicaments dans les goîtres et autres tumeurs pour en favoriser la résolution, etc. Enfin les courants galvaniques ayant une action spéciale sur la rétine (nerf de la vue), occasionnent des sensations lumineuses éblouissantes, si on les applique sur quelque partie de la face ou de la tête animée par le nerf de la 5e paire. Ils sont donc très-utiles dans quelques cas d'amblyopie, de faiblesse de la vue, tandis qu'ils doivent être proscrits comme très-nuisibles lorsqu'il s'agit de combattre une paralysie, une névralgie ou une tumeur de la face.

Les courants électro-magnétiques, au contraire, ayant une action chimique faible, ne conviennent pas toujours dans les cas spéciaux dont nous venons de parler ; et c'est précisément l'absence de ces propriétés qui les rend extrêmement utiles dans les névralgies, les rhumatismes, les paralysies du sentiment et du mouvement, les douleurs de toute sorte, la chorée, l'incontinence d'urine, les pertes séminales, certaines amauroses, etc. Car, quelle que soit leur intensité, ils développent peu de chaleur, et ne laissent aucune trace sur l'épiderme. Ils ont de plus l'immense avantage d'être intermittents et de conserver l'intensité que le graduateur de l'appareil leur a donnée, conditions presque impossibles à remplir avec les piles galvaniques. Disons toutefois que le courant d'induction du 2e ordre, excitant la rétine presque autant que les courants galvaniques, il faudra ne l'appliquer à la face que dans certaines affections de la vue, et le remplacer par celui de 1er ordre, dans les rhumatismes et les paralysies de cette région.

Les distinctions que nous venons d'établir, empêcheront, il faut l'espérer, de se servir de l'électricité aussi aveuglément qu'on l'a fait jusqu'à présent. Nous voudrions pouvoir aussi indiquer les procédés convenables pour agir efficacement sur le nerf optique dans l'amaurose, le nerf auditif dans la surdité, sur l'estomac, la vessie, la matrice, le foie, etc., dire comment et combien de temps on doit administrer les courants galvaniques et magnétiques, dans chaque affection en particulier ; quand est-ce que les intermittences des courants doivent être lentes ou rapides ; quels sont les cas où il faut préférer le courant du 1er ordre ou du 2e ordre dans les paralysies, les rhumatismes, etc., etc., etc. De telles considérations nous entraîneraient trop loin, et notre but d'ailleurs n'est pas de faire ici un cours complet de procédés opératoires. Nous avons seulement voulu faire ressortir les nombreuses et utiles applications de chaque espèce de courants, et montrer qu'il ne suffit pas, comme certains *électriseurs* l'ont fait jusqu'aujourd'hui, d'avoir une pile ou tout autre appareil à sa disposition, et d'électriser, à tort et à travers, telle ou telle partie du corps. On comprend tous les mécomptes, tous les dangers même qu'une pratique aussi aveugle, aussi peu raisonnée, doit entraîner à sa suite.

HISTOIRE MÉDICALE DE L'ÉLECTRICITÉ.

On trouve chez les Grecs et chez quelques sauvages de l'Amérique des traces de l'emploi de l'électricité au traitement des rhumatismes, des douleurs de tête, etc., à l'aide du gymnote et de la torpille électrique. Mais bien que le fluide dégagé par ces animaux et inconnu alors dans sa nature ait quelquefois produit des guérisons inespérées, il ne pouvait prendre rang dans la science, parce qu'il était impossible de le graduer et d'éviter des commotions, parfois dangereuses, de tout le système nerveux.

Les propriétés de la torpille, de l'ambre frotté, n'étaient pas non plus ignorées d'Hippocrate, de Pline et de Galien; mais il ne paraît pas qu'ils aient appliqué l'électricité à l'homme malade. Plusieurs siècles se passèrent sans que la physique et la médecine pussent se glorifier d'avoir fait aucun progrès sensible dans une carrière aussi immense qui se présentait à parcourir.

Ce n'est que vers le milieu du XVIIIe siècle que Privati, de Bologne, Vérati, à Vérone, et l'abbé Nollet, à Paris, essayèrent d'appliquer l'électricité aux maladies. Les premiers succès obtenus firent naître les plus belles espérances, et bientôt l'enthousiasme fut tel qu'on crut pouvoir guérir désormais toute espèce de maladie à l'aide de cet agent merveilleux, que Dufay regardait déjà à cette époque comme n'étant autre chose que le fluide nerveux.

Jalabert, professeur de physique à Genève, tenta le premier la guérison d'un paralytique et eut un succès complet. Quelques années après, en 1787, Poma et Arnauld, de Nancy, publièrent dans le journal de médecine de Vander-Monde les résultats qu'ils avaient obtenus chez un grand nombre de rhumatisants et de paralytiques. Un tel remède ne pouvant plus, dès lors, être regardé comme indifférent, l'Académie royale des sciences chargea Mauduyt, l'un de ses membres, d'entreprendre sur cet objet une série d'expériences que suivit

Francklin, qui se trouvait alors à Paris. On enregistra de nouveaux succès dans les paralysies, les rhumatismes, les névralgies, la goutte, l'amaurose, la catalepsie, la danse de Saint-
Guy, etc. Malheureusement la physiologie du système nerveux
était encore dans l'enfance, et il était impossible de poser un
diagnostic positif des maladies qui en dépendent, et de préciser
d'une manière exacte les cas dans lesquels on avait guéri et ceux
où l'on avait échoué. L'électricité fut donc administrée empiri-
quement tantôt par des physiciens ignorants en médecine, tantôt
par des médecins ignorant les lois de la physique, les uns et les
autres employant alors des procédés si imparfaits, si inconstants
dans leur action, que la nouvelle médication ne conserva pas .
longtemps la haute réputation qu'elle avait eue dans le principe.

Le charlatanisme ne manqua pas de s'en emparer, et il
put, par le luxe et la magnificence des appareils et les secousses
qu'ils faisaient éprouver, continuer d'exercer quelque temps
encore une certaine influence sur l'esprit des malades. Entre de
telles mains, l'électricité devait bientôt tomber dans le discrédit,
et éprouver de la part des médecins autant d'indifférence qu'elle
avait d'abord excité d'enthousiasme.

Les progrès rapides que la science a faits dans ces derniers
temps devaient faire justice de toutes les erreurs et rendre à la
vérité ses droits imprescriptibles. La découverte de Galvani,
qui eut un retentissement universel dans tout le monde savant,
et qui, du reste, avait une origine toute médicale et toute
physiologique, fit de nouveau expérimenter l'électricité sous
une autre forme. On ne se contenta plus d'employer l'électricité statique, c'est-à-dire celle qu'on obtient avec la machine
électrique, l'électrophore, la bouteille de Leyde; on étudia
aussi l'action des courants galvaniques, et l'on ne tarda pas à
découvrir dans ces derniers des propriétés dont les effets pouvaient être calculés, modifiés et dirigés avec beaucoup plus
de facilité et de précision que ceux des premiers.

En 1816, le docteur Philipp Wilson publiait les curieuses
expériences qu'il avait faites sur la digestion, et d'où il résulte
que cette fonction continue à se faire chez un lapin auquel on a
coupé les nerfs pneumo-gastriques (nerfs qui animent l'estomac),
si l'on transmet aussitôt un courant galvanique à travers le bout
de ces nerfs.

En 1822, le docteur Strong *(The American Journal of*

sciences) publiait une observation d'asphyxie chez un individu noyé et rappelé à la vie par l'électricité.

En 1825 *(Tome* IX, *Archives de Médecine),* MM. Bally et Meyranx rapportaient des cas nombreux de guérisons obtenues à l'hôpital de la Pitié de Paris, dans les affections rhumatismales, les névralgies sciatiques, celles de la face et des membres, la chorée ou danse de Saint-Guy, etc.

A ces faits irrécusables vinrent se joindre ceux de M. Fabré-Palaprat, qui cite des cas de cécité et de surdité guéries par le même moyen ; de M. Magendie et ses élèves (paralysies, névralgies, amaurose, surdité, aphonie, chorée); de MM. Andral, Ratier, de M. Andrieux *(Dictionnaire de médecine et de chirurgie pratiques); de* M. Sarlandière *(Journal des connaissances médico-chirurgicales,* 1836, paralysies, rhumatismes, névralgies, asthme, amaurose, surdité, catalepsie, etc.); de M. La Beaume (surdité, goutte, aménorrhée, amaurose, engorgements du foie et de la rate, épilepsie, et sur cent asthmatiques traités à l'hôpital de Worcester, quatre-vingt-dix guérisons); du docteur Restelli *(Gazette médicale,* 17 *juillet* 1847, anévrysmes); du docteur Franck *(même journal,* 23 octobre 1847, hémorrhagies); du docteur Gamberini *(même journal,* 10 *juillet* 1847, varices); de M. Amussat *(Archives de médecine,* 1851, sur dix-huit cas d'anévrysmes, onze guérisons).

Nous ne devons pas omettre les noms de MM. Nysten, Aldini, Marianini, Matteucci, etc., qui ont enrichi la science par leurs travaux et leurs expériences physiologiques; de M. Faraday, qui a découvert les courants d'induction, dont les ressources sont beaucoup plus variées et plus précieuses que celles du galvanisme; de M. Duchenne enfin, qui en a fait les plus belles applications à la physiologie et à la thérapeutique.

Nous pourrions multiplier le nombre des citations, mais nous croyons avoir fait assez pour montrer à nos lecteurs que ce que nous proposons n'est pas un de ces remèdes qui ne réussissent qu'entre les mains de ceux qui les préconisent, puisqu'il réunit en sa faveur le témoignage des sommités médicales.

On nous demandera peut-être comment il se fait qu'un remède auquel tous les médecins reconnaissent tant d'efficacité ne soit pas plus généralement répandu dans la pratique ordinaire. On n'en sera pas étonné lorsqu'on saura que jusqu'à nos jours, et même encore actuellement, les uns ont continué à se servir des anciens instruments, tels que la bouteille de Leyde, la machine électrique, etc.; d'autres en adoptant les appareils d'induction ont, comme les premiers, employé l'acupuncture (aiguilles fines implantées dans les chairs). Ces procédés, tout défectueux qu'ils sont, comme nous l'avons démontré, ont dû échouer dans beaucoup de cas. Les auteurs que nous avons cités ont obtenu, à la vérité, les guérisons les plus remarquables en très-peu de temps, et quelquefois en une ou deux séances, ce qui prouve que l'électricité réussit toujours dans certains cas, de quelque manière qu'on s'y prenne ; mais on comprend facilement qu'une telle opération ait inspiré de la frayeur et de l'aversion à la plupart des malades, et qu'il s'en soit trouvé assez peu qui aient consenti à acheter leur guérison à ce prix.

Une autre cause qui s'oppose à la popularisation de l'électricité, ce sont les études spéciales qu'elle nécessite, l'adresse, l'habitude de manier convenablement les divers procédés que nous avons exposés, chose importante que les livres ne peuvent donner, et qui ne peut s'acquérir qu'avec le temps et à l'aide d'un matériel d'instruments assez considérable. « Quelle que soit l'activité de l'électricité, disent MM. Andral et Ratier *(Dictionnaire de médecine et de chirurgie pratiques)*, nous ne restons pas moins convaincus que ce moyen ne sera jamais d'une application vulgaire ; car il est difficile de se faire une idée des précautions nécessaires pour assurer le succès des opérations et pour leur donner le degré de certitude et de régularité convenables. D'ailleurs, le prix des instruments s'opposera toujours à ce que les médecins puissent généralement se les procurer. »

MODE D'ACTION DE L'ÉLECTRICITÉ

DANS LE TRAITEMENT DES MALADIES EN GÉNÉRAL.

Un médicament, quel qu'il soit, peut remplir plusieurs indications différentes et même tout opposées : son mode d'action ne peut donc être défini d'une manière absolue, car il dépend de circonstances dont l'appréciation constitue le *tact médical* du praticien. Nous allons en citer quelques-unes :

1° *La dose* : L'aloès, la rhubarbe, toniques, stomachiques à faible dose, sont purgatifs à des doses plus élevées ; 50 à 60 c. de magnésie sont un excellent anti-acide ; 8 grammes ont un effet purgatif.

2° *L'état du malade, son tempérament*, etc. : La même dose d'aloès ou de rhubarbe tonique chez un individu fort et robuste, deviendra purgative chez une personne faible. Chez une femme chlorotique, le fer agissant comme tonique et réparateur du sang, fera cesser l'aménorrhée et reparaître les menstrues ; chez une autre il arrêtera une hémorrhagie utérine, tandis que chez une pléthorique il augmenterait les mêmes accidents au lieu de les faire cesser.

3° *La répétition des doses* : L'opium, les narcotiques, calmants, soporifiques pendant quelque temps, deviennent plus tard excitants, et empêchent même le sommeil.

4° *Les effets réactionnels* : Plusieurs médications ont un effet secondaire opposé à l'effet immédiat ; très-souvent l'action est suivie d'une réaction en sens contraire. Ainsi l'application locale de l'eau froide pendant quelques minutes est suivie de chaleur, et elle agit comme excitante de la circulation capillaire, et comme tonique et réchauffante ; continuée assez longtemps, la réaction ne se fait plus, et il en résulte un effet sédatif, débilitant, ralentissant la circulation capillaire.

5° *La susceptibilité de l'estomac* : On rencontre des individus chez lesquels toute médication est nuisible si l'on n'emploie certaines précautions : le sulfate de quinine, au lieu d'agir comme antifiévreux, les fait vomir ; les préparations mercurielles manquent leur effet antivénérien, parce qu'elles les purgent ; la moindre dose d'opium, loin de les calmer, les excite, etc. Nous n'en finirions pas si nous voulions épuiser ces considérations, qui montrent que des moyens très-précieux entre les mains d'un véritable observateur, peuvent nuire entre les mains d'un indifférent ou d'un empirique.

Il en est de même de l'électricité, dont les effets varient suivant la source qui la produit, la manière d'opérer, l'état des malades, la susceptibilité de leurs organes. Les différents procédés d'électrisation la montrent tour à tour calmante, antispasmodique dans la surexcitation nerveuse, la dyspnée et l'asthme nerveux ; calmante et révulsive dans les névralgies , les gastro-entéralgies et les douleurs profondes des viscères ; excitante et tonique dans les paralysies, les faiblesses musculaires et celles qui causent les déviations de la taille et des membres ; relâchante dans la constipation, résolutive et fondante dans les tumeurs, etc.; sudorifique par les frictions électriques, etc. Elle jouit enfin de l'immense avantage de porter dans certaines tumeurs des médicaments qui doivent contribuer à la neutralisation et à l'élimination des sécrétions morbides.

Le principal rôle des médicaments dans les maladies qui dépendent du système nerveux doit consister, sans contredit, dans les modifications qu'ils font éprouver à ce système. Or, qu'y a-t-il de plus propre à atteindre ce but que le fluide électrique qui peut suppléer, en quelque sorte, le fluide nerveux, qui a les mêmes propriétés, qui comme lui est insaisissable , invisible, impondérable ; qui augmente la résistance vitale sans fatiguer les organes ; qui, appliqué aux différents nerfs, leur donne une impulsion tout-à-fait en rapport avec les fonctions qui leur sont départies ? Un courant électrique dirigé sur le nerf optique fait percevoir des rayons lumineux ; sur le nerf auditif, un son ; sur le nerf olfactif, une odeur ; sur les nerfs du goût, une saveur ; sur les nerfs moteurs il éveille des contractions ; sur les nerfs sensitifs une douleur, etc.; et, chose remarquable, c'est que chacun de ces nerfs ne peut éprouver que la sensation qui lui est propre. Les nerfs olfactif, optique, ne sont jamais le siége de douleur ni de contractions ; les nerfs moteurs ne sont jamais sensibles, etc. [1].

([1])   PHYSIOLOGIE DU SYSTÈME NERVEUX.

On a divisé le système nerveux en deux grandes sections : 1º le *système nerveux de la vie animale ou de relation*, qui a pour centres communs le cerveau et la moelle épinière, et qui tient sous sa dépendance les organes des sens et les muscles de la vie de relation ; ses fonctions sont sous l'empire de la volonté et de la conscience. 2º Le *système nerveux de la vie organique*, autrement dit *grand sympathique*, formé par deux cordons nerveux qui s'étendent de la tête jusqu'au bassin de chaque côté de la colonne vertébrale, et renflé en différents points pour constituer des ganglions. D'une part il communique avec les nerfs émanant du cerveau et de la moelle épinière ;

On m'objectera peut-être que l'électricité n'est pas le seul agent qui puisse provoquer dans les nerfs leurs sensations spéciales. Je sais bien, en effet, qu'un coup porté sur l'œil, même fermé, fait voir des étincelles ; qu'une congestion cérébrale fait entendre des sons, des bourdonnements d'oreille ; que

d'autre part il préside, par des ramifications, à la digestion, à la respiration, à la circulation, à la nutrition. Les fonctions de ce système sont soustraites à l'empire de la volonté et de la conscience.

Une autre classification non moins importante consiste à partager les nerfs en cinq ordres : 1° *Nerfs sensitifs*, répandus dans tous les organes, et surtout à la peau où il nous font éprouver les sensations de froid, de chaud, de douleur, etc. 2° *Nerfs moteurs*, qui président aux contractions musculaires et aux mouvements. 3° *Nerfs sensoriels* ou de *sensations spéciales :* l'optique pour la vue, l'auditif pour l'ouïe, l'olfactif pour l'odorat, le lingual et le glosso-pharyngien pour le goût. 4° *Grand symphatique*, qui préside à la nutrition de tous les organes, etc. 5° Enfin *nerfs mixtes*, formés de filets nerveux de différents ordres.

L'un quelconque de ces nerfs n'est conducteur que de certaines qualités en rapport avec la fonction qui lui est départie : le nerf optique ne peut percevoir que la lumière, l'auditif, les sons ; les nerfs optique, auditif, les nerfs moteurs sont insensibles à la douleur, à la chaleur, etc.

Chaque nerf est formé de fibres primitives, parfaitement isolées à leur origine dans le cerveau ou à la moelle épinière ; elles se réunissent ensuite pour former des cordons nerveux qui, eux-mêmes, vont se diviser à l'infini dans la trame de nos organes. Lorsque des fibres d'une espèce de nerfs s'anastomosent avec celles d'une autre espèce, elles forment des *nerfs mixtes ;* mais jamais ces fibres premières, de divers ordres, ne sont fondues ensemble ; elles restent toujours distinctes et conservent leurs propriétés spéciales.

Le même organe peut recevoir des nerfs de plusieurs espèces : le globe oculaire, par exemple, a un nerf optique pour la vue, des nerfs sensitifs qui lui font ressentir la douleur, la chaleur, etc. ; des nerfs moteurs qui le font mouvoir en différents sens, enfin des filets sympathiques qui veillent à sa nutrition. Un membre comme le bras est animé par des nerfs mixtes formés de filets sympathiques, sensitifs et moteurs ; les sympathiques pour la nutrition, les moteurs pour les contractions et les mouvements, les sensitifs qui viennent s'épanouir à la surface de la peau et surtout à l'extrémité des doigts, où ils constituent le sens du toucher. Quelques filets sensitifs, en traversant les

la noix vomique, la strychnine, produisent des sensations lumineuses et des contractions musculaires. Mais quelle différence
dans le mode d'action et dans les résultats! Le fluide électrique
cause dans les nerfs une excitation, une impulsion qu'on peut
appeler, pour ainsi dire, *homogène*, puisqu'elle n'est que la sim-

---

muscles, s'y arrêtent afin de leur communiquer une sensibilité obtuse,
mais suffisante pour leur permettre de régler et de mesurer leurs efforts.

Un organe malade peut être affecté dans une espèce de nerfs, les
autres restant sains : ainsi l'œil peut perdre la faculté de voir, en
conservant celle de sentir, de se mouvoir ; un membre peut être
paralysé du sentiment seulement ou du mouvement, ou de tous les
deux à la fois.

Le système nerveux, suivant la comparaison d'un célèbre physiologiste, ressemble à un instrument garni d'une multitude de cordes
qui résonnent quand on vient à les faire vibrer. L'esprit est le joueur
ou l'excitateur ; les fibres nerveuses sont les cordes, et les commence-
ments de ces fibres sont les touches.

La conscience des sensations et des mouvements ne réside pas dans
les nerfs ni dans la moelle épinière, elle a son siége dans le cerveau.

Chacune des facultés de notre âme, intelligence, sensibilité, volonté,
tient sous sa dépendance une partie spéciale du cerveau. Il n'en
résulte pas pour cela que le siége de l'âme soit uniquement dans le
cerveau. Comment cet être immatériel agit-il sur le corps? Comment
le corps réagit-il sur l'âme? Mystère impénétrable devant lequel la
science humaine s'arrête interdite ; mystère qui n'est connu que de
l'Ouvrier infiniment intelligent qui a créé cette admirable machine
du corps humain, dont les rouages subtils et merveilleux éclipsent
tout ce que le génie de l'homme a inventé de plus prodigieux dans
les arts.

Lorsqu'un nerf sensitif est irrité dans un point quelconque de son
trajet, la douleur peut exister ou non en ce point ; mais toujours elle
se fait sentir dans les parties où il se distribue. C'est ainsi qu'un coup
porté sur le coude retentit douloureusement dans les doigts ; que la
compression d'un nerf dans la cuisse, par une attitude vicieuse, fait
éprouver des fourmillements au pied.

Par la même raison, lorsqu'un membre est coupé, le nerf qui s'y
rendait fait éprouver les mêmes sensations que s'il existait encore.
Un amputé du bras ou de la jambe souffre encore de la main ou du
pied qu'il n'a plus.

Il ne faut donc pas toujours rapporter le siége du mal aux points
douloureux. Une maladie de la moelle épinière se fait plus souvent

ple impulsion du fluide nerveux par un fluide analogue. La stimulation des autres médicaments est, au contraire, *hétérogène*, car elle n'agit qu'en faisant subir aux nerfs des changements matériels qu'il est impossible de graduer d'une manière précise; car elle se répand dans les organes sains, aussi bien que dans

---

ressentir dans les membres inférieurs que dans la colonne vertébrale. Une jambe paralysée, insensible aux agents extérieurs, peut éprouver des douleurs lorsque la moelle épinière est malade.

En résumé, lorsqu'un nerf est affecté soit à son origine dans le cerveau ou à la moelle épinière, soit dans son trajet, soit à son extrémité, la douleur est toujours ressentie comme si elle existait en ce dernier point.

Mouvement réflexe. Si l'on irrite un nerf sensitif, l'irritation se transmet à la moelle épinière ou au cerveau, et par réflexion elle réagit sur les nerfs moteurs, qui mettent aussitôt les muscles en mouvement. C'est ce qu'on appelle *mouvement réflexe.* Ainsi : 1° impression, 2° sensation et volonté, 3° mouvement, voilà les trois anneaux de la chaîne parcourue par l'irritation quand elle provoque un mouvement. Si l'anneau intermédiaire est détruit, si le cerveau n'existe plus, le premier et le troisième n'ont plus rien qui les relie à la conscience; mais le mouvement peut encore avoir lieu par l'intermédiaire de la moelle épinière seule. C'est ce qui fait que les membres d'un animal décapité remuent encore quand on les irrite, mais il n'y a plus de sensations. Si l'on irrite une partie de la face, il est probable que la douleur n'est pas ressentie non plus, car la conscience des sensations ne paraît pas devoir survivre à une perte de sang aussi considérable et instantanée.

D'après ce qui précède, on voit que la propagation de l'influence nerveuse se fait de la périphérie au centre nerveux dans les nerfs sensitifs; et du centre à la périphérie dans les nerfs moteurs. Il est donc permis d'admettre une sorte de circulation nerveuse comme il existe une circulation sanguine.

C'est par la loi des mouvements réflexes qu'il faut expliquer la contraction des muscles de la poitrine dans le vomissement quand on stimule le fond de la gorge; l'éternuement quand on chatouille le nez ou que l'œil perçoit instantanément une lumière très-vive, etc.

Lorsque la faculté réflective est dans ses limites convenables et normales, elle donne à l'économie un cachet de force et de résistance vitale, et l'harmonie règne dans toutes les différentes parties du système nerveux. Elle est plus grande chez la femme et l'enfant que chez l'homme, et c'est ce qui les rend plus impressionnables. Une vie molle et oisive l'augmente, il en est de même des travaux fatigants de

les organes malades. Au lieu d'augmenter la force des nerfs, elle l'épuise souvent, et les rend ainsi plus susceptibles, plus impressionnables, plus disposés à contracter de nouvelles maladies, comme on le voit souvent après l'usage intempestif des opiacés, de la strychnine, de la quinine, etc...

La médecine moderne doit donc se féliciter d'avoir rencontré

---

l'esprit, de l'abus de certains médicaments. Les douleurs nerveuses répétées trop longtemps, l'appauvrissement du sang dans la chlorose, le chagrin et toutes les peines morales, etc., en surexcitant le cerveau et la moelle épinière, développent cette faculté d'une manière fâcheuse : la réaction l'emporte alors sur l'action. C'est ce qui explique l'impressionnabilité des personnes nerveuses, le tressaillement général involontaire causé par un bruit léger, le claquement d'une porte ; les mouvements nerveux causés par une piqûre, un mal de dents ; les convulsions des enfants, etc.

Les sensations internes ou morales peuvent aussi réagir sur les mouvements et les sécrétions. En pensant à des fruits verts ou acides, l'eau peut venir à la bouche ; le souvenir d'un objet dégoûtant peut faire vomir certaines personnes ; la peur peut amener une diarrhée, une mauvaise nouvelle provoquer des mouvements nerveux ; une congestion cérébrale cause des tintements d'oreilles, des éblouissements, etc.

L'association des mouvements et des sensations existe chez l'homme en santé pour quelques organes seulement : ainsi un œil ne peut se porter d'un côté sans que l'autre ne fasse de même ; mais chez les personnes très-excitables, la conductibilité nerveuse étant trop facile, cette association sort de ses limites et devient presque générale : c'est ce qui fait que le malaise d'un organe retentit dans toute l'économie et y suscite mille troubles divers : mobilité nerveuse, spasmes, palpitations, étouffements, gastralgies, etc., et toute la série des symptômes qui caractérisent l'hystérie, l'hypocondrie, la chlorose, les maux de nerfs, etc.

Grand sympathique. Le grand sympathique, trop peu étudié jusqu'aujourd'hui, joue un rôle extrêmement important dans l'économie. C'est lui qui coordonne les fonctions des principaux viscères, l'estomac, le foie, la rate, les reins, la vessie, la matrice. Les centres principaux de ces nerfs portent le nom de *plexus.* L'importance du plexus solaire, qui est au niveau de l'estomac, lui a fait donner les noms de *cerveau abdominal*, de *trépied vital*, etc.

Le grand sympathique préside à la nutrition, la digestion, la respiration, la circulation, la génération. Il gouverne les instincts, les passions, la résistance vitale ; et la santé est d'autant plus robuste que

dans l'électricité un agent qui est à juste titre regardé comme le spécifique des maladies du système nerveux. Nous ne dirons pas cependant, comme certains *électriseurs* d'autrefois, qu'il n'y a que l'électricité à employer dans ce genre de maladies. C'est ainsi qu'un spécialiste aveugle, qui ignore la médecine dans son ensemble, ne voit que son procédé et nuit aussi souvent qu'il guérit. Lors donc que les névralgies, les névroses,

---

ses actes se passent dans un silence plus complet et à l'insu de la conscience.

Il est, jusqu'à un certain point, indépendant du cerveau ; car le cœur continue ses battements, et les intestins leurs mouvements, quelque temps après qu'un animal a été décapité.

Relié à la moelle épinière et au cerveau, il en reçoit quelques filets moteurs et sensitifs ; les lois de la réflexion existent pour lui comme pour les nerfs de la vie animale. Ses irritations ne parviennent pas toujours au cerveau et à la conscience, c'est ce qui fait que les maladies de l'estomac, du foie, des reins, de la matrice, peuvent ne pas être senties dans le principe, bien qu'elles occasionnent déjà des mouvements réflexes qui provoquent la toux, le hoquet, le vomissement. Mais lorsque ses irritations sont prolongées ou intenses, des douleurs surviennent et arrivent jusqu'à la conscience. Une association de mouvements et de sensations douloureuses se fait alors dans tout l'organisme et y produit les névroses, les névralgies, les spasmes, et toutes les maladies dont nous avons déjà parlé.

Le grand sympathique vient-il à être attaqué directement et fortement, l'harmonie est détruite, la résistance vitale brisée, et la force vitale étant ainsi frappée dans son principe tombe dans le collapsus, comme on le voit dans les fièvres pernicieuses, le choléra, etc.

Nous ne croyons pas devoir pousser plus loin ces considérations. Le lecteur intelligent qui les aura lues avec attention comprendra tous les avantages que la médecine des maladies nerveuses peut en retirer. Un observateur attentif et judicieux pourra seul distinguer les cas où il faut agir soit directement sur les nerfs ou bien sur le cerveau et la moelle épinière, soit indirectement sur les nerfs pour influencer les centres nerveux, et *vice versâ*. Le grand secret consiste à mettre le doigt sur l'épine qui est la cause du mal : c'est la boussole du traitement. Disons enfin en terminant que, parmi tous les moyens en usage contre les maladies nerveuses, le seul vraiment héroïque, efficace et constant dans ses effets, est le fluide électrique, dont le mode d'action sur le cerveau et les nerfs offre une analogie si frappante avec le fluide nerveux.

l'aménorrhée reconnaîtront pour cause l'appauvrissement du sang, nous nous empresserons de prescrire les ferrugineux et les toniques analeptiques ; si les névralgies sont intermittentes, nous aurons recours au sulfate de quinine ; si le tempérament est lymphatique, scrofuleux, les amers, l'huile de foie de morue ne seront pas oubliés.

Il ne suffirait pas, en effet, de dissiper même instantanément, au moyen des courants électriques et magnétiques, un symptôme alarmant, une douleur intolérable, il faut examiner l'état général et remonter à la cause qui peut amener des récidives. C'est en agissant ainsi que nous osons promettre à nos malades qu'après avoir éprouvé les bienfaits de la médication électrique, ils auront le bonheur de voir ensuite leur guérison aussi solide que durable. Les moyens hygiéniques tiendront toujours une large place dans nos prescriptions ; car mieux vaut prévenir que guérir.

Nota. — Les traitements généraux prophylactiques et hygiéniques devant varier, suivant l'état général et la constitution des malades, il faudrait un volume entier pour les indiquer dans chaque cas d'une manière convenable. En le faisant nous ne croirions rendre aucun service au public, qui pourrait se tromper sur leur application. Nous nous contentons donc de le faire par écrit, et avec tous les détails possibles, aux malades qui se présentent, ou bien nous les leur envoyons par correspondance lorsqu'ils nous ont donné les renseignements mentionnés plus loin au chapitre : *Peut-on traiter une maladie par correspondance ?*

NÉVRALGIES.

Les névralgies sont caractérisées par des douleurs plus ou moins vives, continues ou intermittentes, ayant leur siége dans les nerfs.

La douleur peut être spontanée ou se développer par la pression. Elle commence souvent par un simple engourdissement, puis viennent des élancements que les malades comparent à des coups de canif ou de scie, et qui leur arrachent quelquefois des cris. Avec le temps, elles deviennent de plus en plus tenaces, et finissent toujours par réagir d'une manière fâcheuse sur le cerveau et les principaux viscères. Elles se fixent tantôt dans un nerf, tantôt dans un autre, et peuvent se remplacer mutuellement.

Elles sont plus communes chez les femmes que chez les hommes, et reconnaissent des causes variables : chlorose, appauvrissement du sang, peines morales, hystérie, hypocondrie, et surtout l'impression du froid humide.

Grand nombre de malades se sont présentés à nous après avoir essayé, sans succès et quelquefois au détriment de leur santé, l'opium, la belladone, la morphine, les pilules de Méglin, les antispasmodiques, etc. La plupart du temps, une séance électrique de quelques minutes a guéri complétement des douleurs intolérables, continues ou revenant par accès depuis des mois, des années même. Dans le cas où l'effet n'est pas aussi prompt, il y a toujours amélioration notable, et la guérison devient définitive après deux, trois, quatre séances, et rarement davantage.

Observations.

Névralgie du front et de la face ; deux applications.

Mme de T..., âgée de 35 ans, était sujette depuis 4 ans à des douleurs occupant le nerf frontal gauche, et se répandant dans l'œil et une partie de la joue du même côté. Topiques opiacés et belladonés, vésicatoires saupoudrés de morphine, oxyde de zinc, laurier-cerise, arrachement de deux dents à peine gâtées, soupçonnées par son médecin comme pouvant être la cause du mal, tout a échoué. Elle fait remonter la cause de son mal à l'impression du froid qu'elle a ressenti dans un voyage. A l'époque où elle vient consulter, elle est maigre, affaiblie, digérant mal, car elle a passé bien des nuits sans dormir. Un courant électro-magnétique est appliqué sur le trajet du nerf malade ; au même instant la douleur cesse pour se porter dans le nerf sous-orbitaire ; poursuivie en ce dernier point, elle le quitte aussi, et il ne reste plus qu'un peu d'engourdissement. 8 jours après, la malade dit qu'elle a très-bien dormi, mais qu'il lui revient parfois un léger fourmillement, et que le matin elle a ressenti un ou deux élancements. Après une nouvelle séance de 7 à 8 minutes, tout est dissipé, et plus de 11 mois se sont écoulés sans que le mal ait reparu.

Névralgie de la face et du menton ; guérison en une seule séance.

Le 10 décembre 1851, Mme M..., rue du Bac, à qui je faisais une visite, me présente Mlle Augustine X... atteinte d'une névralgie parcourant tour à tour, depuis plus de 2 mois, la face, le front, le menton, d'un côté et de l'autre. La face est gonflée, et je constate plusieurs points douloureux à la pression. Apprenant que la malade, qui n'est à Paris que depuis peu de temps, a éprouvé un dérangement dans sa menstruation, comme cela a lieu chez beaucoup de jeunes filles récemment arrivées à la capitale, je me borne à lui prescrire quelques moyens propres à la favoriser. Le 27 décembre, je revois la malade qui n'a éprouvé que peu de soulagement, bien que les règles aient reparu. N'étant pas chez moi, et apprenant que le fils de Mme M... a une machine électrique, je me décide à faire, séance tenante, quelques frictions électriques sur les points douloureux. Au bout de 8 à 10 minutes, la face se couvre d'un peu de rougeur et d'une sueur assez abondante. Au grand étonnement de la malade et des assistants toute douleur a disparu. La guérison s'est maintenue, la joue s'est désenflée, et cinq semaines après Mlle A... me dit qu'il ne lui reste de son mal rien, absolument rien.

Tics douloureux de la face.

Nous avons guéri dernièrement, en quatre séances, un jeune étudiant de vingt-quatre ans, affecté depuis un an et demi d'un tic douloureux de la face. Trois autres cas ont exigé cinq ou six séances.

Névralgie ou goutte sciatique.

M. B..., âgé de 45 ans, d'une constitution nervoso-sanguine, quinze jours après son retour d'un voyage qui l'a forcé de passer plusieurs nuits en voiture, fut, pendant la nuit du 24 novembre 1850, éveillé en sursaut par des élancements douloureux dans le membre inférieur droit. La douleur alla en augmentant, et, trois semaines après, il lui était impossible d'appuyer le pied par terre. Trois ou quatre vésicatoires furent appliqués en différents endroits : la morphine, la belladone, la térébenthine furent administrées à l'intérieur et à l'extérieur concurremment avec les purgatifs les plus violents, les bains et les douches de vapeurs. Tous ces moyens n'ont procuré qu'un soulagement momentané et de courte durée. Depuis 6 mois le malade n'a pas été 8 jours sans souffrir, et c'est alors qu'ayant entendu parler de l'électricité, il nous fit appeler.

Etat du malade le 12 avril : impossibilité de mouvoir la jambe, douleur à la pression au niveau de l'échancrure sciatique, au côté du genou, à la face externe et sur le dos du pied ; insomnie presque complète, exacerbation la plupart des nuits : première application de 10 minutes des courants électriques par la fustigation et le moxa électriques. La douleur est tellement diminuée que le malade remue facilement la jambe et passe la nuit suivante dans le plus profond sommeil. Le 14, deuxième application, nouvelle amélioration. Le membre souffrant se couvre pendant la nuit d'une sueur visqueuse abondante. Le malade se lève soutenu par un bâton, mais il y a toujours de l'engourdissement; bains de vapeurs tous les deux jours. Le 18, le malade arrive chez moi; il dort toujours parfaitement, la cuisse se dégage, un peu de douleur supportable existe encore au niveau de la malléole externe. Deux autres applications suffisent pour chasser le mal, qui ne s'est plus représenté.

Névralgie iléo-lombaire.

Le 6 avril 1851, M. X..., médecin à Paris, fut repris, sans cause connue, d'une attaque de névralgie iléo-lombaire et scrotale du côté droit, qu'il avait déjà éprouvée le 12 janvier précédent.

Symptômes des plus alarmants : douleur intolérable s'étendant des reins à la vessie et simulant des coliques néphrétiques; suppression des urines, sueur froide, vomissement, impossibilité de se soutenir sur la jambe droite et de conserver aucune position fixe, soit assis, soit couché, abattement moral extrême. L'application des courants électriques, depuis le niveau des fausses côtes jusqu'au pubis, enlève en quelques minutes toute espèce de douleur comme par enchantement. Le lendemain, bien que le malade n'ait plus rien éprouvé, il désire une seconde séance électrique, tant il craint une récidive. Huit jours après, ayant eu les pieds très-froids, il ressent quelques fourmillements, qu'une troisième application dissipe immédiatement. Depuis plus de 10 mois rien n'a reparu.

Disons qu'à sa première attaque le malade n'avait arrêté le mal qu'à l'aide de sangsues, ventouses scarifiées, vésicatoires, opium à l'intérieur et à l'extérieur, ce qui ne l'avait pas empêché d'avoir trois accès en huit jours, de garder sa chambre six semaines, étant très-affaibli, et d'éprouver depuis lors, à chaque variation atmosphérique, des sensations incommodes dans les endroits qui avaient souffert.

Grand nombre d'autres névralgies sciatiques, lombo-abdominales complètes ou partielles, intercostales, de la tête, de la poitrine, des épaules ou des bras, sont tous les jours guéries par ce moyen. Lorsqu'elles sont anciennes, la première et la seconde application enlèvent la presque totalité du mal; mais quatre, cinq, huit sont quelquefois nécessaires pour compléter la guérison, et dissiper l'engourdissement qu'une longue souffrance ou une position vicieuse des membres produit toujours. Les névralgies des femmes chlorotiques, hystériques, sont le plus souvent enlevées d'emblée à la première séance; mais, comme nous l'avons dit, il est important de suivre pendant quelques semaines un traitement général fortifiant, destiné à prévenir les récidives.

Gastralgie, dyspepsie.

Affection malheureusement trop commune de nos jours, car elle est l'apanage de bien des personnes faibles et nerveuses, de ceux qui, menant une vie sédentaire, sont fatigués par les veilles, les jeûnes, les travaux intellectuels trop assidus, les plaisirs et la bonne chère, l'abus des toniques, des stimulants et quelquefois des émollients, l'abus des médicaments à l'intérieur : mercure, sulfate de quinine, copahu, etc. Elle survient souvent à la suite des gastrites, des inflammations d'intestins, du choléra ; elle complique enfin presque toujours la chlorose, l'hystérie, l'hypocondrie, la goutte, maladies qui peuvent en être aussi bien la cause que l'effet.

Il est bien important de la combattre dès le principe, car à la longue elle finit par répandre la tristesse la plus noire dans le cœur de l'homme et par lui inspirer le dégoût de la vie.

L'estomac, ce père de famille, digérant mal, ne peut plus fournir qu'un sang vicié, pauvre, impropre à vivifier les organes et réparer leurs pertes, d'où résulte bientôt un défaut d'harmonie entre les deux grands principes animateurs, le sang et les nerfs.

Les souffrances partant du centre épigastrique, du plexus solaire, s'irradient ensuite dans tout le grand sympathique aussi bien que vers le cerveau et la moelle épinière. La faculté qu'ont les centres nerveux et les nerfs de transmettre les sensations douloureuses augmente en proportion de leur faiblesse, et les douleurs, de quelque nature qu'elles soient, retentissent alors dans toute l'économie. Les organes mêmes dont les actes doivent s'accomplir à l'insu du cerveau, et dans un silence tel que l'état de santé doit pour ainsi dire en laisser ignorer l'existence, deviennent sensibles et douloureux ; ainsi, les malades éprouvent des sensations pénibles, accablantes, dans le cœur, l'estomac, le foie, les intestins, la matrice, etc.

Malaise, faiblesse générale, quelquefois pâleur et maigreur, susceptibilité nerveuse, changement de caractère, tristesse, rêves pénibles, sommeil peu réparateur, spasmes, étouffements, oppression, étourdissements accompagnés parfois d'un peu de faiblesse de la vue ; palpitations, névralgies diverses, maux de tête, refroidissement des extrémités, douleurs rhumatismales au moindre froid, bâillements, éructations, borborygmes, tiraillements et crampes d'estomac, digestion longue et pénible, appétit dépravé, capricieux, tantôt vorace, tantôt nul ; renvois de matières alimentaires, douleurs d'entrailles, dans les reins et le bas ventre, constipation, et de plus chez la femme dérangements de la menstruation : tel est le tableau des symptômes qui se présentent en totalité ou en partie chez les personnes malades de l'estomac.

La marche de cette affection est essentiellement chronique ; toutefois, elle présente de temps en temps, après la moindre écart de régime ou sans cause appréciable, des exacerbations qui font perdre au malade les bénéfices qu'il avait obtenus précédemment. On voit même quelquefois survenir des attaques dont la gravité fait craindre aux malades une terminaison funeste ; en voici un exemple :

En avril 1851, je fus appelé chez Mme R..., âgée de 40 ans, qui depuis un an avait déjà eu trois accès de névralgie de l'estomac. Je la trouvai dans une inquiétude et une angoisse extrêmes, criant qu'elle étouffait, que son estomac se rompait, et que cette fois elle allait mourir. J'appris que ses précédentes attaques avaient duré trois ou quatre heures, et qu'elles avaient été suivies d'un malaise, d'une courbature générale de plusieurs jours. Je dirigeai les courants électriques, avec la plus grande précaution, sur le nerf pneumo-gastrique, et employai la fustigation électrique sur l'estomac, la poitrine et le bas-ventre. La suffocation cessa au même instant, et la malade reprit l'espoir et même un peu de gaieté. La douleur sembla se porter dans les nerfs intercostaux du côté gauche, d'où elle disparut à l'aide de quelques secousses galvaniques.

Les accès de gastralgie aiguë sont rarement aussi violents que celui que je viens de citer. Quelle qu'en soit la gravité, rien n'approche de l'effet produit presque instantanément par l'électricité.

La gastralgie chronique n'est pas guérie d'une manière aussi prompte. Les courants, les frictions et les fustigations électro-magnétiques dissipent bien en quelques séances les gastralgies, les névralgies, les rhumatismes, le refroidissement des extrémités, etc.; mais la récidive pourrait avoir lieu si l'on ne remontait à la source du mal. Le médecin doit donc examiner attentivement son malade, lui prescrire dans tous ses détails le nombre de ses repas, l'usage de tel ou tel aliment, à l'exclusion de tel autre, les boissons et autres préparations qui facilitent la digestion, qui détruisent la constipation, etc.

Ayant moi-même été atteint de cette affection, mieux qu'un autre peut-être, je sais combien sont à plaindre ceux qui en souffrent, et combien ils doivent prendre de précautions pour arriver à une guérison définitive.

Je sais combien peu il faut compter sur les médicaments : les émissions sanguines augmentent presque toujours le mal ; l'opium, la morphine congestionnent le cerveau, rendent l'estomac paresseux et déterminent la constipation. Les purgatifs peuvent vaincre cette dernière ; mais elle reparaît quelquefois plus considérable, et l'estomac a été irrité inutilement ; les toniques, les stimulants, utiles à certains malades, sont nuisibles à d'autres ; j'en dirai autant des émollients. Des préceptes généraux ne peuvent donc être établis dans ce résumé, car ils varient suivant les malades et suivant la cause de la gastralgie.

L'électricité, un régime approprié et quelques doux laxatifs sont les seuls moyens de triompher de cette affection tenace. En enlevant la douleur de l'estomac et des viscères, on les met à même d'accomplir leurs fonctions en silence ; un chyle de meilleure qualité vient alors fournir au sang, *cet autre calmant des nerfs*, les éléments d'une bonne assimilation ; et les ferrugineux, les toniques, qui souvent n'avaient pu être supportés d'abord, produisent alors leurs effets salutaires.

Les frictions et fustigations électriques, continuées pendant quelque temps, enlèveront les douleurs en quelque endroit qu'elles se montrent, condition essentielle sans laquelle on ne pourrait sortir de ce cercle vicieux : gastralgie cause de douleurs, et douleurs réagissant sur la gastralgie et l'entretenant.

M. Labeaume, de Londres, qui déjà, avant nous, avait employé le galvanisme dans les maladies des organes digestifs, dit que, sur 800 malades, il a obtenu la guérison huit fois sur dix.

Vomissements nerveux.

On rencontre quelquefois chez les personnes nerveuses, chez les femmes surtout, des vomissements qui résistent aux soins les plus empressés de la médecine. Dans tous les cas qui se sont présentés à nous, il a suffi de quelques applications galvaniques et magnétiques pour les guérir radicalement.

Entéralgie,

vulgairement appelée colique nerveuse , échauffement d'intestins.

L'entéralgie est à l'intestin ce que la gastralgie est à l'estomac. Les causes sont à peu près les mêmes ; comme cette dernière, elle suit une marche chronique, avec des alternatives de rémission et d'exacerbation. Elle dispose un peu moins à l'hypocondrie et ne retentit pas aussi fortement sur le système nerveux.

De grandes précautions sont à prendre si l'on ne veut pas la voir persister pendant des mois, des années entières.

Dans cette affection, comme dans les gastralgies, les médicaments donnés à l'intérieur sont mal supportés, et souvent ils n'ont d'autre effet que d'irriter de plus en plus les viscères. L'électricité, au contraire , agit comme révulsive de l'irritation interne ; en tonifiant l'estomac et les intestins, elle les fait sortir de leur paresse, les rend aptes à se contracter convenablement sur les produits qu'ils renferment ; et c'est ainsi, comme nous le verrons dans la suite, qu'elle triomphe aisément de la constipation la plus opiniâtre, et qu'elle nous permet d'obtenir tous les jours et en peu de temps la guérison de maladies qui jusqu'aujourd'hui ont fait le désespoir du médecin et des malades.

Gastrite et entérite chroniques.

La gastrite et l'entérite chroniques peuvent être primitives ou survenir à la suite d'une gastrite ou d'une entérite aiguës, qui n'ont pas été traitées convenablement par les antiphlogistiques, les émollients, et que des écarts de régime ont prolongées indéfiniment.

La gastrite chronique mal soignée dure très-longtemps. Après avoir présenté beaucoup d'exacerbations, elle peut guérir, ou bien laisser à sa suite une gastralgie opiniâtre , ou bien enfin amener, chez ceux qui y sont prédisposés, un cancer d'estomac ou du pylore. L'entérite chronique se comporte à peu près de même à l'égard des intestins. Elle en rétrécit le calibre, peut les ulcérer ou les laisser d'une susceptibilité extrême.

Ici encore, il faut être sobre de médicaments administrés à l'intérieur, et compter beaucoup plus sur un régime convenable et le traitement externe. Les bains, les frictions, les fustigations électriques, en activant les fonctions de la peau, y amènent une transpiration salutaire, appellent à l'extérieur l'irritation qui s'était fixée sur les viscères, et par ce moyen ils triomphent aisément de ces deux affections, lorsque, prises à temps, elles n'ont pas déjà laissé des lésions organiques incurables.

M. Morison Greenfield, médecin du duc de Sussex, cite sa propre femme comme ayant été guérie d'une entérite chronique par la galvanisation.

Douleurs du foie, des reins, de la vessie, de la prostate et de la matrice.

Le foie peut être le siége de névralgies qui font éprouver les mêmes douleurs que les coliques hépatiques causées par les calculs biliaires ; celles des reins simulent des coliques néphrétiques ; plus d'une fois enfin celles de la vessie et de la prostate, qui sont excessivement douloureuses, ont fait pratiquer inutilement l'opération de la taille, tant leurs symptômes se confondaient avec ceux qui révèlent l'existence des calculs de la vessie ou de la prostate.

Les névralgies de la matrice font le tourment des femmes qui en sont affectées ; elles s'irradient dans les aines, les reins, les membres, et s'accompagnent de spasmes, d'étouffements, de palpitations, de gastralgie et de dérangements dans la menstruation ; elles rendent les femmes agacées, irritables et d'une excessive impressionnabilité, surtout à l'approche des règles ; enfin elles sont une des causes les plus fréquentes de l'hystérie.

Les bains et les frictions électro-magnétiques sont le remède le plus héroïque et le plus puissant à opposer à ces névralgies. Très-souvent une seule application suffit pour amener en quelques instants une amélioration que l'on avait en vain cherché à obtenir par les bains de toutes sortes, les narcotiques et les vésicatoires. Pour arriver à une guérison définitive dans celles de la vessie et de la matrice, il est quelquefois nécessaire de porter les courants électriques directement sur ces organes ; ce qui se fait facilement au moyen d'excitateurs métalliques en forme de sonde isolés jusqu'à leur extrémité.

RHUMATISMES.

Rhumatisme musculaire chronique.

Affection non fébrile, caractérisée par une douleur fixe ou mobile siégeant dans un ou plusieurs muscles, et s'exaspérant par les mouvements.

Cette maladie, rare dans l'enfance, plus commune chez l'homme que chez la femme, reconnaît pour causes principales : l'hérédité, l'oisiveté succédant à une vie active, l'habitation d'un endroit humide, l'influence du froid humide, surtout après les grandes fatigues et les excès, la répercussion de la transpiration dans les mêmes circonstances.

Tous les muscles peuvent contracter des rhumatismes : au cou, on les nomme *torticolis;* celui des muscles de la poitrine s'appelle *pleurodynie;* celui des muscles de la région lombaire *lumbago.* Ils peuvent enfin se porter sur l'estomac, les intestins, les reins, la matrice, etc.

Le rhumatisme a quelques traits de ressemblance avec la névralgie; il en diffère en ce qu'il est le plus souvent continu, tandis que les névralgies sont ordinairement intermittentes. Il a son siége dans les fibres musculaires ou plutôt dans les filets nerveux sensibles qui les animent, tandis que les névralgies affectent les cordons nerveux.

Aucune affection ne récidive plus facilement lorsque, dès le principe, elle n'est pas combattue par un traitement curatif et prophylactique convenable. Il n'en est aucune à laquelle on ait opposé autant de médicaments divers. Il faudrait un volume entier pour les énumérer et les discuter, ce qui suffit pour prouver qu'ils ne sont, dans la plupart des cas, que d'impuissants palliatifs.

Par contre, il est peu de maladies dans lesquelles la galvanisation localisée agisse plus puissamment et plus promptement. Parmi les mille observations que nous pourrions produire nous nous contenterons de mentionner les deux suivantes :

Rhumatisme de l'épaule.

Le 6 janvier 1852, M. de C..., rue Richelieu à Paris, se présente à notre consultation, affaibli par les veilles et les travaux intellectuels; il éprouve depuis plus de 3 ans une douleur siégeant dans les muscles de l'épaule gauche, s'étendant jusqu'au coude et s'exaspérant par les temps froids et humides, et souvent aussi par la chaleur du lit. Les muscles ont notablement diminué de volume et de force, et la plupart du temps le malade est obligé de se faire aider pour mettre ses vêtements ou les ôter. Il a tout employé sans succès. Je commence par galvaniser pendant 7 à 8 minutes la peau de toute la région douloureuse, puis j'imprime quelques faibles secousses aux muscles engourdis. A la fin de la séance, le malade sent son épaule dégagée, il peut la mouvoir en tous sens sans douleur, mais il reste un peu de gêne dans les mouvements. La nuit du même jour et les suivantes, le membre, dont la peau était restée jusqu'alors sèche et froide, se couvre d'une sueur visqueuse assez abondante, et devient le siége de démangeaisons. Dans l'espace de 8 jours je fais encore trois applications assez énergiques sur la peau, légères dans les muscles, et au bout de ce temps il ne reste ni gêne, ni rigidité, ni douleur dans l'épaule gauche, qui a repris toute sa force. Depuis ce moment, M. de C... n'a plus rien ressenti.

Lumbago.

Depuis plus de 4 ans, M. A. T..., d'un tempérament nerveux, est affecté d'un lumbago qui augmente par les temps froids et humides, ainsi qu'après les fatigues ou les moindres excès. Il a, dit-il, les reins extrêmement faibles, et porte sans cesse une ceinture de flanelle afin de favoriser la chaleur et la transpiration en cet endroit. Malgré ces précautions, lorsqu'il reste assis ou baissé, il ne peut se redresser qu'avec peine et est obligé d'attendre quelques instants avant de pouvoir marcher. Il a essayé tous les remèdes internes et externes vantés contre les rhumatismes, et n'a éprouvé de soulagement momentané que par les vésicatoires. Dans l'espoir d'une guérison plus solide, il se décide à recourir à l'électricité, qui est appliquée, comme dans le cas précédent, quatre fois dans l'espace de 12 jours.

Cela suffit pour enlever complétement le mal, et je conseille pendant 12 autres jours trois ou quatre bains et douches sulfureuses, en y joignant les frictions avec la main et le massage, afin de consolider la guérison. Depuis plus de 6 mois, M. T... ne porte plus de flanelle et ne ressent plus ni faiblesse ni douleur dans les reins.

La rapidité de la guérison, dans des cas qui avaient résisté aux cautères et à la cautérisation transcurrente, nous étonnait dans le principe autant que les malades eux-mêmes.

De nos jours, on ne réfléchit peut-être pas assez à l'importance extrême de l'intégrité des fonctions de la peau dans le maintien et le rétablissement de la santé. Chez presque tous les malades qui arrivaient à nous, nous constations que la peau des endroits malades était plus froide, plus sèche que celle des autres parties, et si par hasard elle devenait plus chaude au moment des accès, il y avait congestion et non détente; la crise salutaire ne pouvait s'accomplir. N'est-il pas évident alors que le moyen le plus direct, le plus rationnel, consiste à activer la circulation capillaire de la peau, à y rappeler la chaleur, à tonifier les nerfs et tous les tissus, et par là à en dilater les pores et forcer la transpiration à reprendre son cours normal? Rien ne remplit aussi bien ce but que les frictions et les fustigations galvaniques et électro-magnétiques. L'action irritative et excitante qu'elles produisent sur la peau forme un contre-poids et une dérivation salutaire à l'irritation et à la congestion qui existent dans les organes profondément situés. A l'instant même et sans rien désorganiser, l'électricité leur imprime dans toutes leurs molécules les plus intimes un nouveau genre de vitalité qui doit bientôt les ramener à leur état normal.

C'est ainsi, sans aucun doute, qu'il faut expliquer les succès si prompts et si complets de l'électricité et du magnétisme dans le traitement des rhumatismes musculaires et de ceux qui s'étaient fixés sur les viscères, tels que le cœur, l'estomac, les reins, la matrice; ainsi que dans le traitement de la goutte, dont nous parlerons plus loin.

Rhumatisme articulaire aigu et chronique, arthrites et entorses.

Le rhumatisme articulaire aigu reconnaît pour causes prédisposantes la fatigue et les excès de toutes sortes, et pour cause efficiente l'impression du froid humide.

Le froid humide succédant à une copieuse transpiration ou à des travaux fatigants est, comme on peut l'avoir déjà remarqué, un des plus mortels ennemis de l'homme. Il est la cause de la plupart des maladies aiguës (¹), pleurésies, fluxions de

---

(¹) Note sur les maladies aigues.— Le rhumatisme articulaire aigu est une des maladies les plus sérieuses, non pas tant par les vives souffrances qui l'accompagnent et par ses fréquentes récidives, que par les graves complications qui éclatent *souvent* d'un instant à l'autre. Cette affection, en effet, lorsqu'elle n'est pas traitée par une médication antiphlogistique convenable, est la principale cause des maladies du cœur : péricardite,

poitrine, rhumatismes articulaires aigus et chroniques. C'est de ces derniers seulement que nous avons à nous occuper.

Les douleurs du rhumatisme chronique sont moins considérables que dans la forme aiguë. Moins mobiles, mais plus fixes et plus tenaces, elles s'exaspèrent souvent pendant la nuit, et

---

hypertrophie, rétrécissement et induration des orifices, insuffisance de leurs valvules, maladies qui empoisonnent les jours des malheureux qui en sont atteints, et les conduisent tôt ou tard, par la syncope, l'asphyxie, l'hydropisie ou l'apoplexie, à une terminaison funeste.

On ne nous accusera pas, sans doute, de prodiguer les saignées et les sangsues, car il est extrêmement rare que nous les employions dans les maladies aiguës légères, ainsi que dans les maladies chroniques. Les émissions sanguines, la diète et les émollients sont, en effet, les principales causes prédisposantes ou occasionnelles de l'anémie, de la chlorose ou pâles couleurs, de la gastralgie et des maux de nerfs. Nous n'avons jamais oublié cet aphorisme d'Hippocrate : *Sanguis frenat nervos;* oui, le sang est le meilleur calmant des nerfs ; et, plus d'une fois, nous avons déploré le sort de pauvres malades chez lesquels on s'était obstiné à poursuivre à outrance, par les saignées, la diète et les émollients, de prétendues inflammations qui n'étaient autre chose que des congestions ou irritations produites par un sang trop pauvre, et que nous guérissions rapidement, en quelques jours, par les ferrugineux, les bons bouillons et une alimentation substantielle.

Mais il n'en est plus de même lorsqu'il s'agit de maladies aiguës franchement inflammatoires, telles que la fluxion de poitrine, la pleurésie, la fièvre typhoïde au début, l'inflammation du cerveau, du foie, du cœur, la péricardite, le rhumatisme articulaire aigu, ainsi que de la congestion du cerveau et de l'apoplexie. Dans beaucoup de ces cas, la nature elle-même semble nous mettre sur la voie des émissions sanguines par les saignements de nez, les crachements de sang, etc.

Nous ne nous arrêterons pas ici à discuter l'absurdité ou la mauvaise foi de ceux qui prétendent dissiper une congestion inflammatoire ou une inflammation, par des médicaments qui auraient la vertu de reporter à l'instant même, dans tout le torrent circulatoire, le sang qui engorgeait les organes. L'art aussi bien que la nature est impuissant à produire de telles merveilles. Trop souvent nous en avons acquis la triste preuve, par l'examen des signes physiques pendant la vie, et par l'autopsie des organes après la mort, chez des personnes victimes de leur confiance dans une médication aussi erronée.

Les émissions sanguines sagement employées sont donc, aujourd'hui encore, le seul remède sur lequel on doive réellement compter dans ces graves maladies. Le sulfate de quinine, le nitrate de potasse et l'opium, dans le rhumatisme articulaire aigu ; les vomitifs jusqu'à saturation, dans les maladies de poitrine; les purgatifs, dans la fièvre typhoïde, etc., ont leur partisans exclusifs et systématiques; mais ces moyens, utiles quel-

surtout pendant les temps humides et froids ; ce qui fait que les malades se comparent à des baromètres vivants.

La gêne des mouvements peut avec le temps entraîner la déformation de l'articulation et même une demi-ankylose ; le membre maigrit, perd de sa force, et il en résulte une sorte de

---

quefois comme auxiliaires, sont rarement indispensables ; et, du reste, il n'est pas en leur pouvoir de prévenir les redoutables complications qui peuvent survenir et survivre à la maladie.

La méthode à suivre dans l'emploi des saignées, n'est pas moins importante que le principe sur lequel elle repose. La première saignée doit être faite au début de la maladie, lors même qu'elle est encore bénigne et sans attendre qu'elle ait plus de gravité. Que dirait-on, en effet, d'un chef d'armée qui ne se déciderait à combattre l'ennemi que lorsqu'il serait devenu puissant et redoutable ? Malgré un mieux sensible, obtenu après la première saignée, il ne faut pas hésiter à recourir à une seconde, et ne pas attendre pour cela, comme le font certains médecins, qu'on y soit forcé par de nouveaux progrès de la maladie. En effet, le chef dont nous parlons ne serait pas moins blâmable si, au lieu de continuer à poursuivre son ennemi, il voulait d'abord lui donner le temps de reprendre toutes ses forces.

On comprend, du reste, très-facilement qu'une deuxième ou une troisième saignée, faites le septième ou le dixième jour de la maladie, doivent avoir beaucoup moins de prise sur cette dernière, puisqu'elle a eu le temps de s'aggraver. Elles peuvent même être très-nuisibles, car le malade, affaibli par les souffrances et la diète, est bien moins en état de les supporter que si elles avaient eu lieu dans les premiers jours. A cette époque, loin d'anéantir ses forces, elles pouvaient, au contraire, les relever de leur abattement et de leur oppression causés par l'invasion de la maladie.

A la saignée, on joindra utilement, et suivant les indications, les sangsues ou ventouses, les vésicatoires sur le lieu malade, les laxatifs et quelques autres médicaments et boissons appropriés, etc.

Pratiquées d'après cette méthode, les émissions sanguines ont l'immense avantage de couper court à la maladie, de permettre au patient de reprendre beaucoup plus tôt un peu de nourriture, de préparer une convalescence plus proche, plus franche, moins pénible et moins longue. Enfin, et c'est là surtout le point capital, elles ne pallient pas seulement le mal, elles le guérissent ; elles ne se bornent pas à neutraliser le venin, elles tuent le serpent ; et en sauvant le malade d'une mort prochaine, elles préviennent le développement des plus fâcheuses complications : les adhérences cartilagineuses et osseuses des poumons aux parois de la poitrine, après la pleurésie et la fluxion de poitrine; l'engorgement chronique du foie, à la suite de son inflammation ; la paralysie, la folie, après les maladies du cerveau et de la moelle épinière ; enfin, après le rhumatisme articulaire aigu, ces terribles maladies du cœur dont nous avons parlé,

paralysie dite rhumatismale. Chez les personnes lymphatiques et scrofuleuses, il peut s'ensuivre la suppuration et la carie des os.

Arthrites. L'arthrite est une inflammation des articulations produite par les coups, les chutes, les fractures, les entorses, les luxations, la blénorrhagie. Elle exige dans le principe le repos et un traitement antiphlogistique plus ou moins énergique.

---

maladies insidieuses à leur naissance, car elles sont sans douleur et masquées par des symptômes en apparence plus graves; et si un médecin instruit et attentif n'a pas l'oreille sur le cœur de son malade, elles ne se révèlent que pendant la convalescence, et souvent lorsqu'il est déjà trop tard d'y porter remède.

Il est inutile de dire que la méthode que nous venons d'esquisser, sera modifiée, par un médecin judicieux, suivant l'âge, la force, le sexe, la constitution, les antécédents et le genre de vie de son malade; mais le principe reste le même.

Dans les maladies chroniques, le malade séduit par le charlatanisme peut bien, sans danger quelquefois, suivre un traitement irrationnel. Si le mal fait des progrès lents, il peut plus tard, détrompé à temps et guidé par de sages conseils, revenir à la santé; mais il n'en est plus de même dans les maladies dont nous avons parlé. La moindre hésitation, le moindre faux pas, la perte de quelques jours et même de quelques heures, peuvent être irréparables et laisser sa cause sans appel. Là, l'empirisme et la médecine systématique ne se jouent plus de leurs malades, ils les tuent.

Il est bien important, dans les maladies aiguës surtout, d'avoir su bien choisir son médecin, et c'est alors qu'on doit sans crainte lui confier sa santé comme à un ami dévoué. Combien le médecin ne doit-il pas, par des études approfondies, chercher à s'en rendre digne, afin de se mettre en état de ne pas trembler, de ne pas être coupable, par ignorance ou par système, dans ces moments tristes et solennels où nulle autre puissance n'égale la sienne, puisqu'il a entre les mains, je ne dirai pas la fortune et les plus grands intérêts, mais la vie d'un de ses semblables, d'un père, d'une mère, d'un enfant chéri!

Le manque de confiance du malade peut jeter le découragement dans son âme, et neutraliser les bienfaits d'une médication quelque avantageuse qu'elle soit.

Nous croyons avoir rendu service à nos lecteurs par cette courte digression sur les maladies aiguës. Repoussant tous les systèmes et ne conservant que ce qu'ils ont de bon dans tel ou tel cas, nous ne nous sommes prononcés à cet égard, qu'après avoir parcouru tous les hôpitaux de Paris, et avoir suivi, auprès des maîtres de la science et de leurs malades, les différentes méthodes de traitement. Fort de la conviction que donne la vérité, c'est à celle que nous exposons, que nous nous soumettrions nous-même, si l'occasion s'en présentait.

Entorses. L'entorse est une espèce de luxation incomplète qui se réduit immédiatement et spontanément. L'eau froide, les applications astringentes, calmantes et résolutives, jointes au repos, doivent être employées au début.

L'arthrite et l'entorse passées à l'état chronique, se comportent à peu près comme le rhumatisme.

Dans tous ces cas, le moyen le plus prompt et le plus sûr pour enlever la douleur, l'engorgement et la gêne des mouvements consiste dans l'emploi des courants électriques. Aux frictions et aux fustigations électriques, on ajoutera l'électrisation profonde des muscles, auxquels on fera exécuter des mouvements mesurés qui, en leur rendant leur tonicité et leur énergie, favoriseront le retour de la synovie, espèce de liquide onctueux et huileux qui baigne les articulations.

OBSERVATION. M. P..., après avoir été atteint de douleurs qui avaient parcouru la plupart des articulations, vit à la fin le rhumatisme se fixer au genou gauche. Depuis 2 ans, les applications de toutes sortes, l'usage des eaux minérales et des bains de vapeur, tout était resté impuissant. Cinq séances d'électrisation, dissipèrent cette douleur tenace; six autres suffirent pour rendre au malade la force et la liberté des mouvements.

Fraicheurs, efforts des genoux, des épaules, des coudes.

Même traitement que ci-dessus.

Goutte.

La goutte est une affection générale qui se manifeste par la douleur, la rougeur et le gonflement des articulations, des petites surtout, telles que celles du gros orteil, des doigts et du coude, et qui s'accompagne souvent de troubles du côté de l'estomac, des reins et de la vessie.

Confondue par quelques auteurs avec le rhumatisme articulaire, elle en diffère en ce qu'elle revient plutôt par accès, qu'elle est surtout l'apanage des personnes riches qui se livrent aux plaisirs et aux excès de la table, qu'elle est souvent héréditaire, qu'elle coexiste souvent avec la gravelle et le catarrhe de la vessie, qu'enfin elle finit, plus souvent que le rhumatisme articulaire, par faire naître autour des articulations des engorgements, des concrétions calculeuses appelées tophus.

Le traitement par les courants électro-magnétiques triomphera facilement des accidents locaux, comme nous l'avons vu pour le rhumatisme chronique. En attirant à l'extérieur l'irritation interne, ils n'auront jamais l'inconvénient de certaines médications externes qui ne font que la répercuter, la déplacer pour la fixer ensuite, au grand détriment des malades, dans des organes plus importants : tels que le cœur, l'estomac, la poitrine, etc.

Il sera utile d'y joindre un régime alimentaire convenable, et l'usage de boissons minérales propres à neutraliser le principe goutteux. Le choix de ces eaux est extrêmement important ; et nous ne sommes pas de ceux qui regardent comme une chose indifférente l'emploi de telles ou telles eaux, et qui les prescrivent comme objet de distraction, et avec la même légèreté que s'il s'agissait d'un verre de tisane.

Les eaux minérales exercent une influence incontestable sur l'économie : or, tout médicament qui a beaucoup de puissance pour guérir, en a beaucoup pour nuire. Les eaux ferrugineuses, par exemple, régularisent la menstruation chez une femme nerveuse, à sang pauvre, et elles la fortifient ; les eaux minérales alcalines produisent le même effet chez une femme pléthorique, à sang riche ; les mêmes eaux chez la première, et les ferrugineuses chez la dernière, loin d'améliorer leur état, ne feraient au contraire qu'augmenter les accidents.

Il en est de même chez les goutteux. Les eaux alcalines, qui ont la propriété de dissoudre les calculs, la gravelle et les engorgements tophacés des articulations, leur sont quelquefois très-avantageuses. Mais il faut savoir aussi que les alcalins ont la propriété de liquéfier et d'appauvrir le sang. Lors donc que la constitution n'en permet pas l'emploi, ou bien lorsque après une amélioration notable obtenue à la suite d'une première saison de bains, on s'obstine à poursuivre par ce moyen le mal jusque dans ses derniers retranchements, il en résulte une espèce de cachexie alcaline qui plonge l'économie tout entière dans une débilitation dont il est difficile de la relever. La goutte, au lieu de rester normale, aiguë, de se fixer franchement sur telle ou telle articulation, sans attaquer gravement la santé, se porte sur les reins, le foie, l'estomac, la poitrine ; cause l'asthme, la gastralgie, l'hypocondrie, et rend les malades désormais impropres à exercer une réaction critique salutaire contre ces manifestations.

L'électricité et le magnétisme, en faisant disparaître les douleurs locales et les engorgements, mettront le malade dans des conditions telles qu'il pourra ensuite combattre le principe goutteux par une médication générale de peu de durée, et trop peu énergique pour nuire à sa santé.

Hypéresthésie ou sensibilité exagérée de la peau.

L'exaltation de sensibilité de la peau peut être le symptôme d'une maladie des centres nerveux ; mais, dans la plupart des cas, c'est une simple névrose très-commune chez les femmes nerveuses, hystériques, et qui coexiste souvent avec l'anesthésie, c'est-à-dire avec la diminution de la sensibilité dans d'autres endroits.

Avec le temps, cette excessive sensibilité peut gagner les muscles et les parties profondes ; il importe donc de la combattre dès le principe.

Peu d'affections se dissipent aussi promptement que celle-ci par les courants électro-magnétiques.

Presque toujours une seule application de quelques minutes suffit, et cela chez des personnes qui avaient inutilement essayé des calmants, des antispasmodiques, des vésicatoires, etc.

PARALYSIES EN GÉNÉRAL.

On entend par paralysie la perte absolue ou la diminution notable du sentiment ou du mouvement. La paralysie du sentiment a aussi reçu le nom d'*anesthésie*.

La paralysie peut reconnaître pour cause une altération physique et apparente des centres nerveux ou des nerfs. Ainsi la congestion, l'inflammation, l'apoplexie, et les autres maladies du cerveau, sont les causes les plus ordinaires de la paralysie. Si le mal existe dans le côté droit du cerveau, la paralysie a lieu dans le côté gauche du corps, et réciproquement.

Les mêmes altérations de la moelle épinière produisent la paralysie des deux membres inférieurs, celle de la vessie, etc.

Dans d'autres cas, on ne rencontre aucune lésion appréciable dans les centres nerveux ; c'est ce qui a lieu pour les paralysies des ouvriers qui travaillent le plomb ou ses composés, et qui sont dites *paralysies saturnines* ; il en est de même des *para-*

lysies rhumatismales et des *paralysies nerveuses* ou *hystériques*.

L'immobilité forcée à laquelle un membre a été soumis pendant longtemps, comme on le voit après les luxations, les fractures, les vastes abcès, etc., amène souvent aussi une espèce de *paralysie incomplète*.

La gravité d'une paralysie et son pronostic dépendent de la cause qui l'a produite. Il est donc de la plus grande importance d'établir à ce sujet un diagnostic positif. Le fluide électrique, qui joue si bien le rôle du fluide nerveux, et dont nous verrons plus tard la puissance dans le traitement de ces maladies, sera aussi la boussole qui nous conduira à ce diagnostic. Les intéressantes recherches de MM. Marshal-Hall et Duchenne et nos propres expériences, ont fait reconnaître en effet que, dans certaines paralysies, les muscles ont conservé la propriété d'être influencés par les courants galvaniques et électro-magnétiques, absolument comme dans l'état normal, tandis que dans d'autres paralysies leur contractilité et leur sensibilité (qu'il ne faut pas confondre avec la sensibilité de la peau) sont simultanément ou isolément anéanties ou plus ou moins diminuées.

Nous donnons ici en tableau synoptique l'état de ces deux propriétés dans les différentes paralysies.

PARALYSIES.	CONTRACTILITÉ ÉLECTRO-MUSCULAIRE.	SENSIBILITÉ ÉLECTRO-MUSCULAIRE.
1° Avec altération du cerveau,	normale,	normale.
2° Avec altération de la moelle épinière ou des nerfs,	nulle ou notablement diminuée.	nulle ou notablement diminuée.
3° Saturnine,	nulle ou diminuée, mais seulement dans quelques muscles de l'avant-bras et de la main, les autres restant à l'état normal.	diminuée.
4° Rhumatismale,	normale, excepté dans quelques paralysies de la face où elle est nulle ou diminuée.	normale, diminuée ou exaltée.
5° Hystérique ou nerveuse,	normale.	nulle ou diminuée.

Remarques : 1° Lorsque la paralysie, par suite de l'altération du cerveau, existe depuis de longues années, il peut arriver que les muscles s'atrophient et subissent la transformation graisseuse ; dans ces cas, qui sont rares, la contractilité et la sensibilité électro-musculaires sont anéanties ou notablement diminuées. 2° La constriction de la gorge, l'anesthésie et les autres troubles nerveux qui coexistent avec les paralysies hystériques, empêcheront de les confondre avec les paralysies rhumatismales.

Nous avons vu des paralysies nerveuses qu'on avait traitées et aggravées par les saignées, les sangsues, les purgatifs, les cautères, les moxas, etc., parce qu'on les avait prises pour des maladies du cerveau ou de la moelle épinière. Les résultats que nous venons de signaler, et qui ne présentent que de très-rares exceptions, qu'il sera toujours facile d'expliquer, permettent donc désormais de ne plus commettre d'aussi funestes méprises.

Aucune médication ne saurait entrer en parallèle avec l'électricité dans le traitement des paralysies, quelle qu'en soit la cause. Jalabert, Poma et Arnault, Mauduyt, de Haën, MM. Sarlandière, Andrieux, Fabré-Palaprat, Labeaume de Londres, Magendie, etc., ont obtenu par ce moyen des guérisons inespérées et, pour ainsi dire, prodigieuses. M. le professeur Trousseau la recommande spécialement dans son *Traité de Thérapeutique*; enfin, la plupart des professeurs actuels de la Faculté de [médecine n'hésitent pas à la placer au premier rang.

Passons maintenant au traitement de chaque espèce de paralysies en particulier.

Paralysies avec altération du cerveau ou de la moelle épinière.

Tant que dure la congestion ou l'inflammation des centres nerveux, le traitement le plus rationnel consiste dans l'emploi des antiphlogistiques, des purgatifs, etc. Lorsque ce traitement a été mal dirigé ou qu'il est resté impuissant, la paralysie persiste; et alors trois cas peuvent se présenter : 1° ou bien l'altération du cerveau et de la moelle épinière est telle qu'il n'y a plus entre eux et les nerfs qui s'y rendaient aucune espèce de communication ; 2° ou bien cette communication existe encore en partie; 3° ou bien enfin elle n'est aucunement détruite et elle existe comme dans l'état normal.

1° Dans le premier cas, la paralysie est incurable.

2° Dans le second cas, il reste souvent assez de fibres nerveuses saines pour qu'on puisse espérer le rétablissement plus ou moins complet du sentiment ou du mouvement.

Mais pour cela, il faut que ces parties saines acquièrent une force nerveuse plus considérable même qu'avant la maladie, afin de pouvoir suppléer les parties détruites. Et comment pourra-t-on leur donner cette énergie, si ce n'est en les exerçant suffisamment? Tout le monde sait que l'odorat, le toucher, la vue même se perfectionnent par l'exercice ; que la gymnastique augmente les forces ; que les muscles des bras sont plus développés chez les forgerons, ceux des reins chez les bateleurs, ceux des jambes chez les piétons, etc. Dans la paralysie, l'influence de la volonté ne suffit plus. Dans son impuissance, elle s'énerverait inutilement si elle n'avait un aide qui partageât ses efforts et pût la remplacer dans ses moments de repos. Or, quoi de plus propre à remplir ce but que l'électricité? Ne semble-t-il pas que la Providence, qui donne à l'homme ses aliments et les médicaments dont il a besoin, lui ait fait connaître ce fluide merveilleux pour qu'il pût s'en servir non-seulement dans les arts, mais surtout dans les maladies qui viennent l'affliger.

Les courants électriques permettent de stimuler isolément chaque nerf, chaque muscle sans surexciter le système nerveux. Voyons au contraire ce qui se passe avec les médicaments pris à l'intérieur, tels que la noix vomique ou la strychnine : resserrement des mâchoires, raideur du cou et des membres, difficulté d'avaler et de respirer, mouvements involontaires de tout le corps, tout ce qui enfin constitue une espèce d'attaque d'épilepsie. Cette secousse générale entraîne une dépense considérable de force nerveuse employée en pure perte, et laisse à sa suite la courbature et la faiblesse; l'électricité, au contraire, loin d'épuiser les forces radicales de l'économie, vient s'ajouter à elles et les seconder.

Les courants électro-magnétiques, en stimulant non-seulement la peau, mais encore les muscles dans leurs parties les plus intimes, y ramènent le sang, la chaleur, etc., et en cela ils l'emportent encore infiniment sur les frictions, le massage, les onctions, dont l'action est toute superficielle.

3° Lorsqu'il n'existe aucune solution de continuité entre les centres nerveux et les nerfs qui s'y rendent, il semble que rien ne doive plus s'opposer au retour de la contractilité et de la sensibilité, mais il n'en est pas ainsi. Le repos forcé auquel les muscles ont été condamnés a empêché le sang d'y affluer en aussi grande quantité qu'auparavant ; ayant souffert dans leur nutrition, ils sont devenus maigres et mous ; le liquide onctueux répandu dans les gaînes qui les contiennent, et qui était destiné à favoriser le jeu de leurs mouvements, est en partie résorbé, ainsi que celui des articulations. La faiblesse, la raideur qui existent alors, ne sauraient être vaincues par l'influence seule de la volonté. Il faut là encore que les courants électromagnétiques viennent lever les premiers obstacles, que par une sorte de gymnastique ils mettent les muscles dans des conditions telles, que plus tard ils puissent se passer d'eux et rentrer complétement sous la puissance du cerveau ou de la moelle épinière.

La paralysie sera d'autant plus difficile à guérir qu'elle aura existé plus longtemps. Les changements qui surviennent dans les muscles deviennent de plus en plus considérables, et si la paralysie est complète, il peut arriver un moment où ils soient complètement désorganisés et changés en une espèce de tissu graisseux, et c'est alors que la volonté a pour toujours perdu ses droits.

Cependant, nous avons vu des cas de guérison en dix, quinze, trente, soixante séances électriques dans des paralysies datant de deux, quatre, six ans. Poma et Arnault citent un jeune garçon de onze ans, paralysé depuis trois ans, guéri en cinquante-sept séances ; un homme de quarante-et-un ans, en soixante-dix séances, après trois ans et demi de paralysie ; un autre de vingt-six ans, malade depuis deux ans et demi, chez lequel il fallut soixante-et-une séances. Et remarquons qu'à cette époque on ne traitait que par l'électricité statique, les courants électromagnétiques, infiniment plus avantageux, n'étant pas encore découverts.

Paralysies saturnines.

Cette forme de paralysie est assez grave, et elle finit par amener dans les muscles les changements dont nous avons parlé cidessus. Elle présente ceci de particulier qu'elle commence par les muscles de l'avant-bras et qu'elle n'en attaque qu'une partie en laissant les autres complètement sains.

Au moyen de nos procédés d'électrisation localisée, on a l'avantage de ne s'adresser qu'aux muscles insensibles et de ne pas surexciter le malade, comme on le faisait autrefois en galvanisant en masse les muscles sains aussi bien que les autres.

Certaines paralysies saturnines exigent dix, vingt, d'autres trente, soixante et même soixante-dix applications électriques. La durée du traitement est en rapport avec celle de la maladie.

Paralysies rhumatismales et névralgiques.

Ces paralysies, qui sont ordinairement incomplètes, ne reconnaissent d'autre cause que l'inaction à laquelle un membre a été condamné par la douleur. Elles cèdent facilement dans le principe à quelques frictions et fustigations électriques et à la galvanisation modérée des muscles affaiblis, comme nous l'avons dit en traitant des rhumatismes musculaires.

Lorsque le rhumatisme ou la névralgie de l'épaule, de la hanche, etc., durent depuis longtemps, les muscles s'atrophient et perdent de leur énergie, et il peut même se produire des désordres plus ou moins graves dans les articulations. Les extrémités des os et les cavités qui les reçoivent peuvent, en changeant de forme, rendre à jamais impossible la liberté complète des mouvements.

Paralysies nerveuses et hystériques.

1° *Anesthésies.* Il est peu de femmes nerveuses ou hystériques chez lesquelles on ne rencontre, avec les hyperesthésies et autres troubles dont il a déjà été question, des anesthésies, c'est-à-dire la perte totale ou partielle de la sensibilité dans quelques régions du corps. C'est M. le docteur Briquet, médecin de l'hôpital de la Charité, qui a surtout fixé l'attention des médecins sur ce phénomène. Tantôt l'anesthésie occupe un membre ou tout un côté du corps, tantôt elle atteint en même temps les muqueuses d'un côté, celles de la langue, de la narine, de l'œil, etc.

2° *Paralysies du mouvement.* Ces désordres, peu graves dans le principe, existent souvent à l'insu des malades; mais plus tard la paralysie gagne les parties profondes, telles que les muscles, les nerfs de la vue, de l'ouïe, etc., et il en résulte des pertes de mouvement, de la vue, de l'ouïe, qui en ont souvent imposé aux médecins, et ont fait croire à des altérations matérielles du cerveau ou de la moelle épinière. Il n'est pas rare de rencontrer des malades chez lesquelles on a augmenté les accidents par les saignées, les sangsues, et qui portent au cou et sur la colonne vertébrale des traces de sétons et de cautères, caractères ineffaçables de cette erreur de diagnostic.

Ces anesthésies coexistant souvent avec l'exaltation de la sensibilité dans d'autres points, sont évidemment dues à une espèce d'aberration dans le cours du fluide nerveux, suspendu en certains endroits et accumulé dans d'autres.

C'est ici surtout que l'électricité opère des guérisons qui tiennent du prodige, lors même que la paralysie existe depuis de longues années. Deux ou trois séances de frictions et de fustigations électro-magnétiques suffisent généralement pour ramener la sensibilité à la peau et sur les muqueuses des yeux, du nez, de la langue, etc.

La paralysie du mouvement disparaît aussi avec 5, 6, 8 applications.

Je me rappellerai toujours avoir vu en 1848, dans le service de M. le professeur Chomel, à l'Hôtel-Dieu de Paris, une jeune femme hystérique qui avait perdu la sensibilité de la peau et des muscles dans presque toutes les parties du corps. Faible et pouvant à peine se soutenir, elle tombait sans cesse en marchant, et portait aux genoux et aux coudes des traces de contusions qu'elle ne ressentait pas; sa parole ressemblait à une espèce d'aboiement; on pouvait la piquer, lui porter une barbe de plume dans les yeux, le nez et le fond de la gorge, sans qu'elle en fût nullement incommodée. J'ai appris depuis, qu'en peu de temps, elle fut complètement guérie par les courants électro-magnétiques.

OBSERVATIONS. *Paralysie avec lésion de la moelle épinière.*

M. H., âgé de 42 ans, habitant à Paris, rue Montmartre, fut pris, en juin 1850, de douleurs dans les reins, de faiblesse, de douleurs et de fourmillements dans les membres inférieurs. A ces accidents qu'il rattachait à la fatigue et à la courbature, il se contenta d'opposer le repos et les bains; mais loin de céder, ils allèrent en augmentant, et il fallut en venir aux saignées, sangsues et purgatifs. Malgré cette médication, entreprise déjà trop tard sans doute, la diminution dans les forces et dans la sensibilité des membres inférieurs continua à faire des progrès, et bientôt la paralysie gagna la vessie et les intestins. Les cautères, les moxas ayant été employés inutilement, il eut enfin recours à l'électricité, en mai 1851. En cinq séances, les muscles et la peau reprirent leur sensibilité, les intestins et la vessie, leur contractilité. La force et la liberté des mouvements ne furent rétablis dans les membres qu'après vingt autres séances.

Paralysie à la suite d'une affection cérébrale.

Un homme fort et pléthorique, âgé de 48 ans, eut une attaque d'apoplexie à la suite de laquelle il perdit l'usage du bras et de la jambe gauches, bien qu'on eût employé, dans le principe, saignées, sangsues, purgatifs, etc. Depuis trois ans il était dans cet état, lorsqu'il eut recours à l'électricité. Six semaines de traitement le guérirent complètement. Les membres paralysés, qui étaient très-amaigris, reprirent en quelques mois leur volume normal et toute leur force première.

Paralysie nerveuse.

Une jeune fille de 24 ans, sujette à des attaques de nerfs, se trouvait depuis deux ans à peu près dans le même état que la malade dont nous avons parlé plus haut ; mais la faiblesse n'avait lieu que d'un côté du corps. A la première séance, retour de la sensibilité cutanée ; après trois séances, le goût et l'odorat ont reparu ; enfin cinq autres applications amènent le rétablissement complet des forces musculaires.

Paralysies de l'épaule.

Elles sont le plus souvent rhumatismales ou névralgiques.

M. le professeur Lallemand a publié dans les Archives de 1828 un fait de guérison complète d'une paralysie de l'épaule, après trois applications électriques.

Paralysies à la suite du mal de Pott.

M. le professeur Roux, dans la séance de l'Académie des sciences, du 7 mai 1839, a annoncé qu'il était parvenu à rétablir parfaitement les mouvements à l'aide des courants galvaniques, chez une jeune fille paralysée à la suite d'une maladie des os de la colonne vertébrale.

Paralysies de la langue.

En 1834, M. Fabré-Palaprat faisait part à la même société de la guérison en cinq séances, d'une paralysie de la langue, datant de dix-huit ans, qui était survenue après une attaque d'apoplexie et avait résisté à toute espèce de traitement.

Paralysies de la face.

La paralysie de la face peut exister avec celle de tout un côté du corps lorsqu'il y a lésion du cerveau, ou bien exister seule.

Dans ce dernier cas, elle reconnaît ordinairement pour

cause, soit une lésion du nerf facial, soit une maladie véné-
rienne, soit l'impression d'un air froid humide.

L'électricité en triomphe facilement; mais il faut n'agir
qu'avec les courants électro-magnétiques de premier ordre, et
se garder d'employer ceux de deuxième ordre, ainsi que les
courants galvaniques, à cause de l'action spéciale qu'ils exercent
sur la rétine (nerf de la vision).

OBSERVATION. M. R., négociant à Lyon, ayant occupé une place
d'impériale pendant une nuit d'hiver très-froide, s'aperçut le lendemain que le côté droit de sa figure avait perdu son expression. Quatre
jours après, il peut à peine rapprocher les paupières; la moitié de la
lèvre et de la joue sont entraînées à gauche, ce qui produit une déviation apparente de la langue; il articule mal les consonnes labiales b,
p, m; la joue est pendante et laisse échapper la salive et les aliments;
la difformité augmente en riant et en parlant.

Au bout de six semaines, il a recours aux courants électro-magnétiques qui, en douze séances, et dans l'espace d'un mois, guérissent
complètement cette incommodité.

Paralysie des paupières.

Mêmes causes, même traitement que pour la paralysie de la
face.

Amaurose ou goutte sereine.

On donne ce nom à la perte totale ou partielle de la vue : le
premier degré de cet affaiblissement a aussi reçu le nom
d'*amblyopie*.

Causes : altération, soit du nerf optique, soit des nerfs sensitifs ou sympathiques de l'œil; congestion, inflammation du
cerveau; action trop continue de la chaleur, d'une vive lumière,
de vapeurs irritantes, des bains chauds répétés, ivresse habituelle, usage immodéré du tabac à fumer, surtout lorsqu'on y
joint l'abus des liqueurs fortes; pertes séminales, onanisme,
maladies vénériennes, et toutes les causes débilitantes; gastralgie et irritation chronique des viscères abdominaux, etc. Elle
se lie quelquefois à la chlorose, à l'hystérie, aux convulsions
et à l'hypocondrie. L'inaction de l'œil atteint pendant longtemps de la cataracte est quelquefois une cause d'amaurose qui
persiste après l'opération.

Certains médicaments ont une action spéciale sur la pupille :
ainsi l'opium et ses composés la contractent, tandis que les

solanées, telles que le datura, la belladone, la jusquiame, le tabac la dilatent notablement. Leur abus ne saurait donc être sans inconvénient sur la vue, et c'est sans doute de cette manière qu'il faut expliquer l'influence du tabac à fumer dans la production de l'amaurose.

On a opposé à cette désolante maladie une foule de moyens ; les antiphlogistiques, les purgatifs répétés, la noix vomique, la strychnine, les sétons, cautères, moxas, la cautérisation de la tête, et cela malheureusement n'a procuré que des succès rares. J'ai vu des malades qui ont successivement employé les saignées, les purgatifs, les débilitants, d'après l'avis d'un premier médecin ; puis les toniques, les ferrugineux, les fortifiants d'après l'avis d'un second, et qui en fin de compte n'ont obtenu aucune amélioration.

Il importe donc par-dessus tout d'examiner scrupuleusement son malade, de refaire pour ainsi dire l'histoire médicale de toute sa vie, afin de remonter à la cause première du mal. Si elle tient à un vice de la constitution, un traitement général approprié devient indispensable ; mais dans ce cas même, quelque rationnel qu'ait été ce traitement, il sera très-souvent insuffisant, si par des moyens locaux on n'agit directement sur les nerfs malades ; car, de même qu'une fatigue excessive, le repos trop prolongé d'un organe l'affaiblit et diminue son aptitude fonctionnelle ; lors donc que la cause première n'existe plus, le nerf malade peut rester paralysé, si l'on ne vient l'exciter, et le réveiller pour ainsi dire de son engourdissement.

L'action spéciale qu'ont les courants galvaniques sur le nerf optique, dans lequel ils font naître des sensations lumineuses, vient rappeler à ce nerf la fonction qui lui est départie : c'est le plus sûr et le plus puissant moyen de lui rendre son énergie.

Dans certains cas ce sont ces courants, ainsi que les courants électro-magnétiques de deuxième ordre qu'il faut employer ; dans d'autres, ce sont les courants électro-magnétiques de premier ordre. Les uns et les autres seront d'abord donnés à doses très-faibles, afin de ne pas fatiguer l'organe de la vision, et on les augmentera ensuite, avec le temps, d'une manière graduée et en rapport avec sa sensibilité.

Appliqué convenablement, ce moyen amènera la guérison chez un grand nombre de personnes ; chez d'autres moins heureuses, il aura encore l'immense avantage d'arrêter les progrès de la cécité ; nous n'oserions dire qu'aucun malade aveugle depuis longtemps ne sera obligé de se résigner à son malheureux sort ; mais du moins il aura la satisfaction d'avoir tenté ce qu'il y avait de plus rationnel, et de ne pas avoir compliqué sa position de l'affaiblissement qui suit souvent les traitements énergiques et douloureux dont nous avons parlé.

OBSERVATION. Mme R., âgée de 48 ans, demeurant à Paris, rue Saint-Denis, était affectée depuis trois ans d'une amaurose presque complète, survenue à la suite de la cessation des règles. Les maux de tête, les bourdonnements d'oreilles, ayant fait soupçonner chez elle une congestion cérébrale habituelle, une saignée fut pratiquée, et elle prit quelques laxatifs et quelques pédiluves fortement sinapisés pendant une dizaine de jours. Après quelques jours de repos, on en vint à l'emploi du galvanisme. Vingt applications de quatre à cinq minutes dans l'espace de cinquante jours, et quelques collyres belladonés, lui rendirent la vue presque complétement. Elle put lire facilement le nom des rues, les affiches, etc. ; tandis qu'auparavant, elle pouvait à peine se conduire. Depuis lors, l'amélioration se soutient et a même fait des progrès.

MM. Fabré-Palaprat, La Beaume de Londres, et Magendie, ont aussi obtenu beaucoup de guérisons par le même moyen.

Surdité.

Causes : congestion cérébrale, inflammations de l'oreille, engorgements et oblitération du conduit auditif ou de la trompe d'Eustache, hypertrophie des amygdales, polypes, etc.

Les auteurs cités ci-dessus ont obtenu des guérisons remarquables au moyen de l'électricité.

Les courants devront être dirigés avec précaution, de manière qu'ils traversent directement l'oreille, sans se perdre dans ses parois. La surdité de naissance est très-souvent incurable.

Perte du goût et de l'odorat.

Voir ce que nous nous avons dit pages 66 et 67.

Paralysie des ouvriers.

Les ouvriers qui ont longtemps exercé une pression forte et continue sur l'instrument de leur travail, les serruriers sur la lime, les mariniers sur la rame, etc., sont sujets à contracter une paralysie incomplète dans les avant-bras et les mains. Elle devra être traitée comme nous l'avons dit précédemment.

Paralysie de la vessie et rétention d'urine.

La paralysie de la vessie peut n'être qu'un des éléments d'une maladie plus générale, comme on le voit dans les affections du cerveau ou de la moelle épinière et dans les fièvres graves ; elle peut se lier à un état nerveux hystérique, ou bien constituer à elle seule toute la maladie.

Dans ce dernier cas, elle peut être essentielle ou être consécutive à un rétrécissement ou à une maladie de la prostate, qui, en s'opposant à l'émission de l'urine, ont distendu les parois de la vessie et diminué sa contractilité et son énergie.

Les frictions et fustigations électriques et les secousses imprimées aux muscles abdominaux suffiront dans quelques circonstances. Lorsque ces moyens ne seront pas assez puissants, il sera nécessaire de porter deux excitateurs en forme de sonde isolés jusqu'à leur extrémité, l'un dans la vessie et l'autre dans le rectum. On peut aussi les porter tous deux dans la vessie ou dans le rectum au moyen d'une sonde à double courant qui les isole l'un de l'autre.

Dans la séance du 11 avril 1849, M. le docteur Michon, chirurgien de la Pitié, a communiqué à la société de chirurgie plusieurs cas de paralysies de la vessie, qui ont été merveilleusement guéries par l'électricité.

Incontinence d'urine.

L'incontinence succède souvent à la rétention dans les paralysies de la vessie, car il arrive un moment où cet organe, trop distendu, laisse sortir l'urine par regorgement ; ces cas rentrent donc dans ce que nous avons dit ci-dessus. Nous avons maintenant à nous occuper de l'incontinence qui survient pendant la nuit chez les enfants ou les jeunes gens. Elle se lie souvent, chez les enfants faibles et lymphatiques, à un état de faiblesse des organes génito-urinaires, qui par la suite peut entraîner de graves inconvénients. C'est donc à tort qu'on attend l'âge de la puberté pour la voir disparaître spontanément ; cette époque n'a presque jamais d'influence sur cette dégoûtante infirmité, qui peut se prolonger indéfiniment si l'on n'y remédie à temps.

Elle se rencontre quelquefois aussi chez les enfants forts et robustes, et elle tient plutôt alors à l'exaltation de la sensibilité et de la contractilité de la vessie.

Ces deux cas sont très-différents, et ils exigent un traitement général tout opposé. Une erreur de diagnostic serait une cause d'aggravation de l'infirmité. Chez les premiers, quelques bains et lavements frais et un peu de strychnine ; chez les seconds, des bains et lavements tièdes et un peu de belladone ; chez les uns et les autres, les frictions électriques, etc. sont des moyens qui amèneront toujours en peu de temps une guérison radicale et complète. Dupuytren employait souvent ce moyen.

Nous avons guéri dernièrement, en quinze jours, une petite fille de huit ans ; en un mois, une jeune fille de dix-sept ans et un jeune homme de dix-neuf ans.

Athrophie du système musculaire.

Cette redoutable maladie, étudiée dernièrement par M. le docteur Aran, offre pour caractère principal la diminution et quelquefois la destruction presque complète de certains muscles, ou leur transformation graisseuse.

Elle reconnaît pour cause un travail excessif chez les individus trop jeunes ou mal nourris, l'onanisme, etc. ; elle peut entraîner la paralysie, la déformation des membres et de la colonne vertébrale.

Elle s'annonce ordinairement par la faiblesse et l'amaigrissement des membres, des crampes et des soubresauts des tendons.

Il n'existe jusqu'à ce jour aucun traitement contre cette affection ; cependant, dit M. Aran, on peut en arrêter la marche en agissant sur les fibres musculaires au moyen de la galvanisation localisée.

Déviations de la colonne vertébrale, rachitisme.

Les déviations reconnaissent trois causes principales : 1° Le rachitisme dans la première enfance ; 2° une maladie des os chez les scrofuleux ; 3° la contraction musculaire et une croissance exagérée chez les adolescents.

Pour le rachitisme et la scrofule, nous prescrirons les bains salés, les toniques, les amers, l'huile de foie de morue, les moyens hygiéniques rationnels ; nous y ajouterons, chez les scrofuleux, les antiscorbutiques et les dépuratifs, et comme traitement local, dans les deux cas, les frictions et les fustigations électriques qui activeront la circulation de la peau et tonifieront les tissus.

Occupons-nous d'une manière spéciale des déviations qu'on observe chez les jeunes personnes surtout, de huit à seize ans.

Les enfants faibles, impressionnables, dont la croissance a été très-rapide en peu de temps, y sont plus exposés que les autres, et c'est alors que les attitudes vicieuses et la contraction musculaire amènent facilement des déviations.

Le système nerveux est chez les jeunes filles, en général, très-excitable et très-mobile ; il en résulte souvent des irrégularités dans l'action du fluide nerveux qui diminue, pour ainsi dire, dans certaines parties, tandis qu'il s'accumule dans d'autres.

Lorsque ces effets ont lieu dans les muscles qui fixent la partie inférieure de la colonne vertébrale à la ceinture osseuse du bassin, on peut aisément, en y portant la main, constater que d'un côté les muscles sont amaigris, relâchés, tandis que de l'autre ils sont plus volumineux et plus tendus ; cela nous explique facilement le mécanisme de ces déviations. Si, en effet, nous supposons que ce soient les muscles du côté droit qui l'emportent, ils tirent et entraînent sans cesse la colonne vertébrale de leur côté ; de là une première courbure inférieure à concavité droite et à convexité gauche. Mais afin de conserver son équilibre, la jeune personne reporte instinctivement à gauche la partie supérieure de son corps ; de là une deuxième courbure dite de *compensation* à concavité gauche. Il se produit quelquefois vers le cou une troisième courbure dans le même sens que la première.

Il en résulte alors une torsion des vertèbres sur elle-même, la saillie de l'épaule d'un côté, sa dépression de l'autre, sans parler des changements consécutifs qui peuvent se produire dans la poitrine, le bassin, et entraîner plus tard des inconvénients sérieux.

Les inflexions de la colonne vertébrale n'ayant pas lieu d'arrière en avant, mais latéralement, elles paraissent beaucoup moins fortes qu'elles ne le sont réellement ; il importe donc d'y porter remède avant qu'elles soient assez apparentes.

Le mécanisme de ces inflexions étant bien compris, la méthode de traitement en découle naturellement : rendre aux muscles qui sont affaiblis et qui ont perdu leur élasticité, la tonicité nécessaire pour qu'ils puissent revenir sur eux-mêmes et se contracter suffisamment. Aucun moyen n'atteint ce but aussi directement que l'électricité ; on agira donc sur la peau par les frictions électriques, et sur les muscles au moyen de la galvanisation musculaire.

De cette manière, on évitera les inconvénients qui résultent de l'emploi des corsets orthopédiques portés trop longtemps, corsets qui arrêtent le développement de la poitrine chez des enfants qui l'ont déjà naturellement assez étroite ; on pourra donc les quitter beaucoup plus tôt, et il suffira même, le plus souvent, d'une ceinture garnie de tuteurs ou mieux d'une ceinture à inclinaison.

On y ajoutera la gymnastique, la suspension par les poignets, une alimentation fortifiante, et en agissant ainsi, on obtiendra une guérison aussi complète que durable.

Observation. Parmi un grand nombre d'observations, nous rapporterons celle d'une jeune fille de onze ans, demeurant rue de Rivoli, à Paris, et chez laquelle on remarquait depuis deux ans une déviation assez apparente. Des frictions et des fustigations électro-magnétiques furent pratiquées tout le long de la colonne vertébrale, ainsi que la galvanisation des muscles affaiblis, et en moins de deux mois, on vit des résultats qu'on n'avait pu obtenir par aucun autre mode de traitement. Elle a continué ensuite l'emploi de la ceinture à inclinaison, et dans ses moments de récréation la suspension par les poignets à une simple traverse en bois fixée dans sa chambre. Aujourd'hui les muscles ont la même force des deux côtés, et toute trace de déviation a disparu.

Déviations des membres, pieds-bots, etc.

On peut ranger parmi les causes de déviation des membres, la débilité, la paralysie de certains muscles, leur contracture, les convulsions, les attitudes vicieuses, le rachitisme, la scrofule, etc., et l'on peut dire en deux mots que ces causes agissent tantôt sur les os, qui sont la partie passive de la locomotion, ou bien sur les muscles qui en sont les agents actifs.

Très-souvent la déviation des os est consécutive à la contracture, au raccourcissement ou à la paralysie de certains muscles ; affections qui elles-mêmes dépendent toujours d'une lésion nerveuse. On comprend aisément que lorsqu'il y a faiblesse ou paralysie dans les muscles fléchisseurs, par exemple, les os sont livrés à la force des muscles extenseurs qui les entraînent de leur côté, et *vice versâ*. De même lorsqu'il y a irritation nerveuse ou contracture de certains muscles, ceux-ci se rétractent et dévient les os de leur côté.

Ces déviations, qui apparaissent ordinairement dans la première enfance, peuvent avoir lieu avant la naissance, et on les voit aussi quelquefois se produire chez les adultes à la suite de convulsions. En décembre 1847, nous avons observé, à l'Hôtel-Dieu de Paris, dans le service de M. le professeur Chomel, une jeune fille qui, en quelques jours, fut atteinte d'une déviation des deux pieds, causée par une maladie de la moelle épinière.

Nous avons souvent vu aussi la contracture ou la paralysie des muscles du cou entraîner des déviations de la tête.

Lorsque la déviation porte sur l'extrémité des membres inférieurs, elle produit les différentes espèces de pieds-bots ; talus, équin, varus, valgus, etc.

Traitement. — D'après ce qui vient d'être dit en parlant des causes, on voit qu'un traitement, pour être rationnel, doit agir principalement sur le système nerveux et sur les muscles ; et c'est à l'aide des courants galvaniques et magnétiques surtout qu'on parviendra à rendre aux muscles affaiblis la force et la tonicité nécessaires pour faire équilibre à leurs antagonistes. Le massage, le pétrissage, les frictions toniques et aromatiques, les bains salés, les douches sulfureuses, une alimentation appropriée, des moyens contentifs bien raisonnés, etc., seront employés comme d'utiles adjuvants.

Ces moyens, qui suffisent au début, seront quelquefois impuissants lorsque la déviation est très-ancienne ou très-prononcée, et dans quelques cas on a été obligé de recourir à la *ténotomie* (section des muscles rétractés, à l'aide d'une simple piqûre de la peau), opération simple, non douloureuse et sans danger, lorsqu'elle est habilement pratiquée. Mais là encore, il faut pour éviter une récidive, recourir aux courants électriques, car seuls ils peuvent rendre aux muscles l'irritabilité qu'ils ont perdue par suite de leur inaction ; on les fera se contracter tour à tour séparément et non en totalité, afin de mieux détruire les adhérences qui se seraient établies entre eux, et les gaînes qui les renferment, et c'est ainsi qu'on leur rendra toute leur force et la liberté de leurs mouvements.

M. le docteur Bricheteau, dans une lettre qu'il écrivait à M. Fabré-Palaprat, s'exprime ainsi : « Je pourrais citer un bon nombre d'enfants confiés aux soins éclairés de M. d'Yvernois (orthopédiste très-connu) pour des difformités, et chez lesquels j'ai fait disparaître des paralysies partielles des extrémités inférieures, au moyen du galvanisme administré de concert avec le traitement mécanique, etc.

CHORÉE ou Danse de Saint-Guy.

La chorée est une affection non fébrile caractérisée par des mouvements involontaires des membres et des muscles de la face.

Elle a aussi été appelée danse de Saint-Guy, du nom d'un saint de la Souabe, à la chapelle duquel les malades se rendaient en pèlerinage afin d'implorer leur guérison.

Plus commune chez la femme que chez l'homme, on l'observe surtout entre l'âge de six à quinze ans. Quelquefois elle n'est qu'un symptôme d'une maladie de la moelle épinière ou du cerveau ; mais le plus souvent elle tient à un trouble de l'innervation chez des enfants d'une constitution nerveuse et irritable. Une frayeur, une puberté difficile à s'établir, l'onanisme et quelquefois la simple imitation suffisent pour la déterminer.

On a combattu cette affection par l'opium, la belladone, le datura, la strychnine ; mais, comme nous l'avons fait remarquer dans nos considérations générales, ces médicaments employés chez des enfants faibles, manquent souvent leur effet et augmentent leur irritabilité.

Sans les proscrire d'une manière absolue, nous les donnons quelquefois à doses minimes, unis à la valériane, à l'oxyde de zinc, à l'asa fœtida, etc. ; mais on risque de les voir impuissants sans un traitement plus essentiel et réellement efficace, qui a pour effet de modifier l'action nerveuse pervertie.

Les courants électriques seront donc successivement appliqués à la surface de la peau et sur les muscles contracturés, et y régulariseront pour ainsi dire le cours du fluide nerveux.

On s'étonnera peut-être de voir le même agent qui réveillait les contractions dans la paralysie, les modérer dans les convulsions nerveuses ; de le voir tour à tour ramener la sensibilité dans certains cas, calmer la douleur dans d'autres.

A cela les uns ont répondu que dans la paralysie et l'insensibilité, on ajoutait du fluide électrique, que dans les convulsions et les douleurs on en retranchait. Quant à nous, nous tenons peu aux théories et nous ne marchons qu'à la lumière des faits. Si nous adoptions une explication, celle de M. Sarlandière nous paraîtrait la plus plausible. « Tous ces nerfs, dit-il, dont le mode de vitalité est devenu vicieux, en occasionnant les convulsions ou la douleur, ne se trouvent-ils pas en quelque sorte heurtés et secoués dans leur manière d'être anormale par les chocs réitérés qu'on leur imprime, et forcés de revenir à leur état fonctionnel en vertu de cette loi : que tout organe a ses fonctions et sa destination desquelles il ne peut sortir que par le désordre, et lorsqu'on a détruit la cause de ce désordre, tout reprend la marche primitive et voulue par sa destination. C'est là, je crois, le secret de toute thérapeutique, et ce qui donne l'explication de remèdes qui, paraissant contradictoires, concourent pourtant au même but. Toute la médecine n'est peut-être qu'une perturbation! Combattez le *mode d'être* vicieux d'un organe, de manière à ne pas le jeter dans un autre mode d'être vicieux, mais seulement en détruisant le mal ; les organes déviés de leur harmonie fonctionnelle y reviennent par la force même de leur destination. » De Haën, Sigaud-Lafond, MM. Bally, Meyranx, Andrieux et Magendie, ont publié des guérisons promptes et remarquables à l'aide de l'électricité et du galvanisme dans le traitement de la chorée.

OBSERVATION. MM. Bally, médecin de l'hôpital de la Pitié, et Meyranx, citent une jeune fille qui, à deux ans, et à la suite d'une dentition difficile, fut prise de mouvements convulsifs intermittents, ayant lieu dans la joue droite. Plus tard ils deviennent continus et s'étendent à l'épaule du même côté avec exaltation de la sensibilité dans les parties affectées. Les bains à une douce température, un régime très-doux, des pilules de camphre et de valériane, n'amènent aucun calme. A 7 ans, tous les symptômes deviennent plus intenses, on emploie les opiacés, les solanées, l'asa fœtida, le calomel, et pendant deux ans, les vésicatoires et les moxas sur la colonne vertébrale ; rien ne peut calmer l'agitation.

Au moment où la malade se présente pour recourir au galvanisme, on constate que le système de la nutrition est faible et languissant, que les muscles sont flétris, surtout du côté droit où la maigreur a fait plus de progrès ; convulsions, grimaces singulières, sommeil léger, interrompu par des mouvements convulsifs, etc.

Après la première application qui dure vingt-cinq minutes, mieux sensible. Six séances ont suffi pour guérir une affection qui, pendant de longues années, avait résisté aux moyens les plus énergiques que possède la médecine.   (*Archives de médecine.*)

Nous avons vu dernièrement, à l'hôpital de la Charité, une

jeune fille en proie à des convulsions générales extraordinaires, que le médecin n'a pas regardées comme hystériques, mais comme des accès de chorée aiguë.

Dans un cas semblable, il ne faudrait pas s'empresser de recourir à l'électricité, mais examiner avec soin le malade, sa constitution, ses antécédents ; et si l'on avait lieu de croire à une affection du cerveau ou de la moelle épinière, agir d'abord en conséquence.

Convulsions nerveuses, catalepsie.

L'électricité a aussi des succès presque constants dans ces deuxaffections :

OBSERVATION. M. Pétetin, président de la société de médecine de Lyon, rapporte l'observation d'une jeune fille de vingt-un ans, sujette depuis cinq ans à des convulsions hystériques véhémentes et de longue durée, s'accompagnant de cris, pleurs, sentiment de strangulation, de suffocations, de perte de connaissance, de petitesse du pouls, et de mouvements tellement violents, que deux ou trois personnes robustes avaient peine à la contenir. Cet état durait quelquefois deux heures. D'autres jours, elle tombait dans la catalepsie, caractérisée par le refroidissement des extrémités, la perte du sentiment, du mouvement et de la connaissance, et l'impossibilité où était la malade de changer les différentes attitudes que l'on donnait à ses membres.

Au moyen de l'électricité, un mois suffit pour guérir la catalepsie ; il fallut plus longtemps pour les convulsions qui, au bout de trois mois de traitement cessèrent complètement, ainsi que tous les autres accidents. (*Recueil sur la matière médicale*, XXX, t. 4.)

M. Sarlandière obtint aussi par l'électricité, à l'hôpital de Montaigu, la cure de ce fameux cataleptique que tous les médecins de Paris ont pu examiner.

Tremblement.

Le tremblement consiste en des mouvements rapides de va-et-vient qui ont lieu dans les membres, à la face ou dans quelques muscles seulement de cette région.

Causes : Frayeur, émotions vives de l'âme, commotion de la moelle épinière, excès vénériens, abus des excitants, de l'opium, hystérie, etc.

Cette maladie, à laquelle on a opposé tous les calmants et les révulsifs presque toujours sans succès, guérit facilement et en peu de temps par la galvanisation des muscles affectés.

Tremblements alcooliques et mercuriels.

Les ivrognes de profession, les ouvriers exposés aux émanations mercurielles, ou les malades qui ont abusé du mercure, sont quelquefois pris de tremblements généraux ou partiels, semblables à ceux dont nous avons parlé.

L'éloignement des causes, les opiacés à petites doses et l'emploi de l'électricité, triompheront aisément de cette affection.

HOQUET.

Le hoquet est une inspiration convulsive qui, suivant les uns, tient à une contraction spasmodique de l'œsophage, suivant d'autres, à une névrose de l'estomac ou des voies respiratoires. Nous sommes portés à croire que dans la plupart des cas, c'est, comme le pense Hoffmann, une affection spasmodique du diaphragme.

Cette petite incommodité se dissipe presque toujours spontanément : une émotion vive, la surprise, l'ingestion de quelques gorgées d'eau froide bues lentement et sans respirer, peuvent l'arrêter tout court ; mais il est des cas où elle résiste avec opiniâtreté et finit par fatiguer et agacer considérablement. C'est alors qu'on doit comprimer circulairement la base de la poitrine, et même, placer au-dessous du lien, une pelote au niveau de l'épigastre, afin de presser plus fortement en cet endroit. Si ce moyen ne réussit pas, il faut recourir à la galvanisation des nerfs diaphramatiques à la région du cou, en évitant de stimuler les autres nerfs voisins, ou bien agir directement sur les attaches du diaphragme vers l'épigastre et sur les deux côtés de la poitrine. Cette simple opération suffit pour dissiper les hoquets les plus rebelles, ceux même qui surviennent dans le choléra et autres maladies graves.

APHONIE, perte plus ou moins complète de la voix, aboiement.

L'aphonie dépend soit de la paralysie, soit d'un spasme des muscles du larynx qui se produit chez quelques personnes nerveuses.

Jusqu'à nos jours, on ne connaissait aucun traitement efficace contre cette affection rebelle, qui, dans certains cas, a suffi pour ruiner l'avenir d'artistes distingués.

Dans ces derniers temps, on a appliqué l'électricité avec le plus grand succès ; c'est ainsi que M. Magendie a guéri en six séances une cantatrice du plus grand mérite.

Il faut pratiquer ici la galvanisation des nerfs laryngés et des muscles du larynx. Cette petite opération, qui exige une certaine habileté, guérit ordinairement les accès en une seule séance ; cinq ou six séances suffisent pour en prévenir le retour.

Il existe une espèce de chorée du diaphragme et du larynx qui, au moment des attaques, occasionne des secousses convulsives, rendant la voix saccadée et semblable à une espèce d'aboiement ; cette affection sera traitée comme nous venons de le dire en parlant du hoquet et de l'aphonie.

Irritations chroniques de l'arrière-gorge et du larynx ; enrouements.

Ces affections, généralement bénignes, deviennent une incommodité grave chez ceux que leur profession oblige de parler ou de chanter.

La toux légère qu'elles occasionnent irrite de plus en plus les organes, et finit par fatiguer la poitrine.

On a tenté, presque tojours sans succès, les moyens les plus variés ; on a même été jusqu'à conseiller les vésicatoires, les sétons et les cautères.

La thérapeutique possède actuellement un moyen révulsif beaucoup plus énergique que ces derniers, et qui a l'avantage de ne pas laisser au cou de traces indélébiles.

L'irritation produite à l'extérieur par les frictions et les fustigations électro-magnétiques, et l'emploi de quelques gargarismes appropriés, dissipent généralement en peu de temps ces irritations internes, que jusqu'aujourd'hui on avait regardées comme très-souvent incurables.

ASTHME, COQUELUCHE, spasmes et difficulté de respirer.

Asthme. L'asthme est quelquefois purement nerveux et indépendant de toute lésion matérielle des poumons ; dans d'autres cas, il est un des symptômes de l'emphysème pulmonaire, caractérisé par la dilatation des vésicules pulmonaires ou des tissus qui les séparent, et là encore l'élément nerveux vient souvent se joindre à l'affection catarrhale.

L'asthme nerveux, regardé comme peu grave, devient pourtant à la fin une affection aussi rebelle qu'incommode. L'asthme catarrhal peut amener la déformation de la poitrine, la gêne de la circulation, des maladies du cœur, si l'on ne s'empresse d'en prévenir et d'en modérer les accès.

Coqueluche. La coqueluche débute souvent par un simple catarrhe. Vers le dixième ou le quatorzième jour, les accès se rapprochent, la toux devient plus opiniâtre, plus convulsive. L'état nerveux domine alors toute la maladie.

Spasmes, dyspnée nerveuse (*difficulté de respirer*). Les spasmes, la dyspnée, que nous venons de mentionner dans l'asthme nerveux, se rencontrent aussi chez quelques femmes nerveuses et hystériques.

Traitement. Il serait trop long de parler ici de la multitude de médicaments vantés contre l'asthme, la coqueluche, etc. Certains narcotiques et antispasmodiques ont quelquefois procuré des succès incontestables, et nous y avons recours nous-même quand ils nous paraissent indiqués. Mais aucun de ces moyens n'a des succès aussi prompts et aussi constants que les bains électriques et les frictions électro-magnétiques sur le cou et sur la poitrine; c'est là surtout que le fluide électrique joue le rôle de régulateur de l'action nerveuse, et d'antispasmodique par excellence.

A l'hôpital de Worcester, en Angleterre, on traite tous les asthmatiques par l'électricité, et le docteur Labeaume, dans son ouvrage, assure que sur 100 asthmatiques, 90 sont guéris ou notablement soulagés.

Nous avons nous-même guéri des enfants atteints de coqueluche depuis plusieurs mois, et grand nombre d'asthmatiques.

M. Pétetin, président de la société de médecine de Lyon, rapporte aussi l'observation d'une jeune fille de seize ans, sujette depuis huit mois à des accès de dyspnée spasmodique revenant tous les jours de dix heures du matin à six heures du soir, et de sept heures à minuit, chez laquelle il faisait cesser les accès en moins de cinq minutes. Le succès de la première expérience, faite devant une compagnie nombreuse et M. Molle, professeur de physique à l'école centrale, parut un véritable prodige. Au bout de quinze jours la dyspnée était à peine sensible. (*Recueil sur la matière médicale*, XXX, t. 4.)

Un homme de 42 ans, qui depuis plusieurs années était sujet à des attaques d'asthme spasmodique, et qui souvent était obligé de se tenir cramponné aux côtés de son lit, afin de respirer plus facilement, fut guéri en deux mois, après avoir vu sa position s'améliorer de jour en jour à partir de celui où il avait commencé son traitement.

Asphyxie par l'éther ou par le chloroforme.

Si le chirurgien comprime les émotions qui pourraient compromettre le succès de ses opérations, il ne reste pas pour cela insensible aux douleurs de ses semblables. Aussi de tout temps les praticiens ont-ils cherché le moyen d'épargner les angoisses de la souffrance aux malheureux qui devaient subir quelque mutilation.

M. Jackson, de Boston, en étudiant les propriétés de l'éther sulfurique, eut, en octobre 1846, la gloire et le bonheur de résoudre cet important problème. Grâce à cette découverte si précieuse pour l'humanité, les opérations les plus graves, les amputations du bras, du sein, de la cuisse; les réductions de fractures et de luxations, etc., se font aujourd'hui sans que le malade ressente la plus légère douleur.

L'opération terminée, il se réveille avec calme, ne veut pas croire qu'elle soit faite, et avant d'en exprimer au médecin sa satisfaction et sa reconnaissance, il a besoin de voir, de toucher lui-même sa plaie béante et encore insensible.

Le chloroforme reproduit chaque jour de semblables merveilles, et la douleur ne sera plus désormais qu'un vain mot dans les opérations les plus terribles.

Toutefois, il faut le dire, on a eu à déplorer quelques faits malheureux d'asphyxie mortelle par l'éther et par le chloroforme. Faut-il en attribuer la cause à l'inexpérience de l'opérateur, à la mauvaise qualité de l'agent employé, ou bien ne serait-elle pas plutôt due à l'épuisement nerveux produit par l'attente d'une opération chez des personnes très-irritables, ou à une lésion organique du cœur? Quoi qu'il en soit, on voit que l'emploi de ce moyen héroïque demande certaines précautions.

Rien ici-bas n'est parfait. Quelques insuccès doivent-ils faire rejeter la chloroformisation? non certes. Les tortures affreuses, les souffrances intolérables qui accompagnaient autrefois les opérations, n'entraînaient-elles pas bien plus souvent la mort? N'avons-nous pas vu des malheureux être pris de convulsions terribles et mourir d'épuisement; ce qui faisait dire à Dupuytren que les sources de la sensibilité s'épuisent comme celles du sang.

Bien plus, on peut aujourd'hui, au moyen des courants électro-magnétiques, rappeler immédiatement à la vie les personnes asphyxiées par l'éther ou par le chloroforme. C'est M. le docteur Abeille (*Mémoires de l'Académie des Sciences,* 1850) qui le premier a eu l'idée de cette utile application. Ses expériences, que nous avons répétées nous-même sur les animaux et sur l'homme, nous ont montré que l'action des courants électriques rappelait aussitôt la sensibilité et le mouvement dans les membres engourdis par le chloroforme, et réveillait bien vite le malade de son assoupissement.

Il serait donc bien important que désormais le chirurgien prît ses mesures en conséquence, afin d'agir immédiatement si l'occasion s'en présentait. Le galvanisme, les courants électro-magnétiques sont le plus sûr moyen, le seul réellement efficace de rappeler à la vie, et ce serait une faute blâmable, lorsqu'on les a à sa disposition, de perdre un temps précieux à l'essai de tout autre remède.

Asphyxie en général, syncope, léthargie et autres genres de mort apparente.

Nous renvoyons, pour ce chapitre, à ce que nous avons dit dans notre ouvrage intitulé : *des Inhumations précipitées. Epreuve infaillible pour constater la mort. Moyens de rappeler à la vie dans les cas de mort apparente causée par l'éther, le chloroforme, la submersion, le charbon, et tous les genres d'asphyxie ou de syncope.*

AMÉNORRHÉE, Diminution ou suppression des règles.

L'aménorrhée, affection si commune dans les grandes villes surtout, reconnaît différentes causes. Tantôt elle tient à une faiblesse générale, à l'appauvrissement du sang, comme on le voit dans la chlorose ou les pâles couleurs. Tantôt, au contraire, elle se rencontre chez des femmes fortes, pléthoriques et d'un tempérament sanguin bien prononcé. L'état de souffrance d'un organe important, la phthisie et autres maladies chroniques, les fleurs blanches, les engorgements et les ulcérations de la matrice, son inflammation et celle des ovaires, les refroidissements contractés au moment de l'époque menstruelle, les émotions morales vives, etc., sont aussi des causes fréquentes d'aménorrhée. Enfin elle se lie souvent aux maladies nerveuses, à l'hystérie, à la faiblesse et à l'atonie de la matrice.

La suppression dés règles est elle-même la cause la plus ordinaire de la stérilité.

Comme dans toutes les maladies en général, on conçoit qu'il est de la dernière importance de remonter à la cause première de l'aménorrhée, et ce serait faire la plus pitoyable médecine que de se proposer pour unique but de rappeler les règles, sans s'occuper de prime-abord de la maladie générale ou locale qui les a supprimées ou diminuées. Chez une femme chlorotique, par exemple, on donnera des aliments très-nutritifs, des toniques, des ferrugineux, et lorsqu'on aura ainsi rendu au sang toute sa richesse, cette fonction se rétablira naturellement et sans aucun remède spécial. Les sangsues et les autres moyens de rappeler artificiellement les règles, loin de guérir la malade, ne feraient que l'épuiser de plus en plus.

Les eaux minérales rendent des services dans quelques circonstances, mais le choix doit en être fait avec précaution ; nous avons dit quelques mots à ce sujet, page 59. Nous ne parlerons ici que des cas qui réclament l'emploi de l'électricité. Ce sont ceux dans lesquels l'aménorrhée tient à l'atonie de la matrice, à son engorgement, à l'inflammation chronique des ovaires, à un refroidissement, à une cause morale, à une névralgie, à l'hystérie, etc.

Il suffit le plus souvent d'un bain électrique et de frictions électro-magnétiques pendant quelques minutes pour rappeler la menstruation. Lorsqu'on a dû recourir d'abord à un traitement général destiné à modifier la constitution, il peut arriver que, par une sorte d'habitude vicieuse, les règles ne reparaissent pas ; là encore l'électricité sera le moyen le plus efficace à employer.

Le procédé opératoire est ici des plus simples, et il permet de garder la réserve la plus convenable. La personne à électriser tient d'une main un électrode, et elle promène elle-même, ou à l'aide d'une tierce personne, l'autre électrode au-devant de la matrice et sur ses côtés pendant quelques minutes. On peut du reste, comme nous l'avons dit dans l'exposition des procédés opératoires, électriser à travers un mouchoir ou quelque linge fin.

FLEURS BLANCHES.

Les causes sont à peu près les mêmes que celles de l'aménorrhée ; elles exigent le même traitement aidé de quelques injections convenables.

CHLOROSE ou pâles couleurs; HYSTÉRIE, maux de nerfs.

Nous n'entreprendrons par ici de faire la description des troubles divers que l'on observe chez les femmes nerveuses et chez celles dont le sang a perdu sa richesse; nous en avons déjà mentionné un grand nombre aux articles gastralgie, entéralgie, amaurose; paralysies nerveuses, convulsions, spasmes, anesthésie, hypéresthésie, aphonie nerveuse, douleurs de la matrice, aménorrhée, etc.

Dans toutes ces affections, les centres nerveux ne départissent plus aux organes la dose de sensibilité convenable dont ils ont besoin pour accomplir leurs fonctions; accumulée en certains points, elle y produit des douleurs, des contractions, de la chaleur, etc. ; insuffisante dans d'autres, elle les plonge dans l'atonie, la faiblesse, la paralysie; la circulation capillaire y devient lente et languissante : de là les engorgements, les sensations de froid, etc.

Les calmants et les antispasmodiques n'ont presque jamais qu'une action fugace. Il n'en est plus de même des courants galvaniques et magnétiques, qui sont les seuls moyens de répartir sur chaque organe la sensibilité spéciale qui lui convient.

Le traitement hygiénique général, destiné à prévenir le retour des accidents, ne saurait trouver place dans ce Mémoire, car il varie suivant la durée de la maladie, sa cause, l'âge, le tempérament, etc.

CONSTIPATION.

La constipation, affection peu grave par elle-même, suffit néanmoins dans bien des cas pour provoquer ou entretenir des maux de tête, des congestions et embarras du cerveau, des troubles de la digestion, des hémorrhoïdes, des fissures à l'anus, des fleurs blanches, et un état de malaise général qui rend valétudinaires les personnes qui en sont affectées, bien que pendant de longues années elles emploient des lavements, des purgatifs, etc. Les efforts qu'elle nécessite peuvent prédisposer aux hernies et même en occasionner; chez les femmes ils peuvent déterminer des déplacements de la matrice.

Causes. Rétention volontaire des matières fécales dans l'intestin, comme cela arrive à beaucoup de femmes, et à ceux qui ont des hémorrhoïdes ou des fissures ; rétention involontaire produite par la compression de l'intestin chez les femmes enceintes ; défaut d'exercice, abus des purgatifs, abus des lavements tièdes ou chauds, de certains aliments, etc. Toutes ces causes agissent le plus souvent en distendant l'intestin outre mesure, en allongeant ses fibres, qui finissent par perdre leur élasticité et par tomber dans l'atonie.

Beaucoup de personnes espèrent se guérir de la constipation en prenant des purgatifs ; mais c'est là un très-mauvais moyen, car il arrive souvent que l'action d'un médicament est suivie d'une réaction en sens contraire, et c'est ce qui explique pourquoi la constipation augmente souvent après l'usage des purgatifs.

Toutefois, chez les personnes fortement constipées, il est quelquefois nécessaire, afin de lever les premiers obstacles, de prendre au commencement des repas quelques poudres laxatives qui, sans fatiguer l'estomac, ont l'avantage, chez les personnes délicates, de le tonifier et de stimuler l'appétit. Il suffit ensuite de suivre la marche bien simple que nous allons indiquer.

A partir du moment où l'on se servira des poudres laxatives, on devra se présenter à la garde-robe tous les jours une fois et à la même heure. Si pendant deux jours consécutifs ce moyen n'a pas réussi, ce qui est bien rare, on prend un quart de lavement huileux froid, et l'on continue ainsi en n'ayant recours aux lavements que quand, deux jours de suite, on n'a rien obtenu. Ce moyen, continué avec persévérance, suffit la plupart du temps pour vaincre les constipations les plus opiniâtres.

En effet, en agissant ainsi, on soumet bientôt les besoins de son intestin à l'habitude, et je dirai plus, à la volonté, car c'est elle qui règle les habitudes ; et ces besoins reviennent périodiquement, comme cela a lieu pour la faim, le sommeil, le réveil, etc.

Lorsque cette méthode est trop lente ou impuissante, ce qui n'arrive pas dans la centième partie des cas, il faut recourir à l'électricité. Tous les auteurs s'accordent à lui reconnaître la plus grande efficacité dans cette circonstance. Les courants électriques produisent la contraction des intestins, leur rendent toute leur énergie, et très-souvent une séance de quelques minutes suffit pour triompher de constipations qui avaient résisté à tous les autres modes de traitement.

PERTES SÉMINALES INVOLONTAIRES ou spermatorrhée.

Il n'est question ici que des pertes qui ont lieu spontanément et en dehors des circonstances qui les provoquent ordinairement.

Causes. Inflammations de l'urètre, blénorrhagie, rétrécissements; irritation produite par un phimosis ou par des dartres; irritation du rectum par des hémorrhoïdes, des fissures ou par des oxyures (espèce de petits vers), constipation, onanisme, excès vénériens, abus des excitants, susceptibilité nerveuse exagérée, faiblesse générale jointe à l'atonie des organes génitaux. Causes complémentaires : pensées lubriques, lectures érotiques et lascives, etc.

Fréquence. Depuis qu'à l'aide du microscope on est parvenu, par l'examen des urines, à reconnaître cette maladie d'une manière facile et indubitable, on la trouve beaucoup plus commune qu'on ne le croyait généralement. En moins de deux mois, nous l'avons rencontrée cinq fois chez des malades qui ne s'en doutaient pas, et qui venaient nous consulter pour autre chose. Trois d'entre eux avaient ces pertes depuis 5, 7 et 8 ans, et étaient regardés comme des malades imaginaires.

Symptômes. Regard timide, yeux ternes et sans expression, hésitation de la parole, affaiblissement de la voix et des autres sens, volonté faible, sommeil agité, fatigant et peu réparateur, préoccupation de l'esprit à la moindre cause, susceptibilité de caractère, diminution de la mémoire et de l'intelligence, hallucinations, impatiences dans le travail, chute des cheveux, nutrition languissante, sensibilité au froid, transpiration au moindre exercice, faiblesse musculaire coïncidant avec le besoin de remuer, de changer de place, quelques soubresauts et contractions dans les muscles et les tendons; palpitations, congestions faciles vers la tête, douleurs rhumatismales et névralgiques dans la tête, la poitrine, le ventre, les reins, le périnée, et tout cela sans fièvre; troubles divers de la digestion, dépravation de l'appétit, alternatives de diarrhée et de constipation, impuissance, dégoût ou horreur des femmes, etc.

A tous ces signes, il faut ajouter ceux fournis par les organes génitaux ; mais aucun d'eux ne suffirait pour caractériser la maladie d'une manière positive, et il est de toute nécessité d'examiner les urines au microscope. On sent que tout détail à ce sujet ne peut entrer dans ce Traité. Disons seulement que, grâce aux études spéciales que nous avons faites sur cette affection, il est possible de la reconnaître avec la dernière évidence, dans l'urine rendue depuis plusieurs jours et même depuis plusieurs mois.

Tous les troubles que nous venons d'énumérer, finissent par inspirer aux tabescents un profond dégoût de la vie. Epuisés au physique et au moral, ils sont sans cesse tourmentés par l'idée de se détruire, bien qu'ils craignent les effets du plus léger courant d'air, du médicament le plus inoffensif. Quelques-uns enfin ont des hallucinations ; ils tombent en démence et se suicident ; d'autres ont des attaques d'épilepsie, etc.

M. le docteur Lisle, dans un travail lu à l'Académie des sciences le 25 mars 1851, a prouvé que la spermatorrhée a une influence des plus funestes sur le système nerveux ; et qu'elle devient à la longue une cause fréquente de folie, comme M. le professeur Lallemand l'avait aussi fait remarquer. Esquirol avait déjà placé l'onanisme et les excès vénériens au nombre des causes de cette terrible affection, mais il ne s'expliquait pas sa persistance après la disparition de ces funestes habitudes ; c'est qu'on ignorait alors qu'elles étaient remplacées par des pertes séminales, qui ont lieu à l'insu des malades, au moment de la défécation et de l'émission des urines.

Traitement. Un traitement rationnel ne peut être établi qu'autant que la cause qui a produit ou qui entretient la maladie est elle-même bien connue. On reconnaîtra facilement le phimosis, les oxyures, les hémorrhoïdes, les fissures à l'anus, la constipation, les rétrécissements, et l'on agira en conséquence. Mais il ne sera pas toujours aussi facile de distinguer si la maladie dépend de l'inflammation de la portion profonde de l'urètre, de la susceptibilité nerveuse ou de l'atonie, et pourtant cela est de la plus grande importance ; car on sent bien que si, lorsqu'il y a irritation ou inflammation, on prescrivait les toniques, les excitants, le vin généreux, les bains et lavements frais, etc., on augmenterait la maladie ; de même que si, quand il y a atonie, on employait les antiphlogistiques, les émollients, les bains et les lavements tièdes, etc. La manière dont le malade supporte certaines saisons, certaines températures et états de l'atmosphère, certains aliments, l'examen de l'urètre, etc., permettront, au médecin qui en a l'habitude, de ne pas commettre de méprises à cet égard.

Lorsqu'il y a inflammation, on est quelquefois obligé de recourir à la cautérisation de l'urètre d'après le procédé de M. Lallemand, opération qui n'est nullement douloureuse, et est toujours sans danger, puisqu'elle est très-légère, très-superficielle et faite simplement pour changer le mode vicieux d'inflammation chronique de la partie malade.

L'atonie, que nous avons vue produire à elle seule la spermatorrhée, se présente aussi très-souvent après la disparition des autres causes ; et les pertes séminales s'opèrent alors par habitude et d'une manière toute passive.

Dans tous ces cas, qui sont très-communs, les frictions et les fustigations électriques seront dirigées sur le bas ventre, les lombes, le périnée, etc. ; et si cela est nécessaire, on portera les courants électriques au col de la vessie et dans le rectum, comme nous l'avons dit en traitant des paralysies de la vessie. C'est là le plus sûr moyen de rendre aux organes relâchés le ton et l'énergie qu'ils ont perdus, et d'obtenir la guérison chez des malades même qui sont tombés dans le marasme le plus complet.

Impuissance.

L'impuissance sera traitée par les moyens dont nous venons de parler pour les pertes séminales.

Folie.

L'électricité est aussi employée dans le traitement de la folie. M. Labeaume de Londres a guéri radicalement en peu de temps un homme atteint de cette épouvantable maladie. Lorsqu'elle est consécutive à la spermatorrhée, elle guérit toujours avec la disparition de cette dernière.

ÉPILEPSIE.

Cette terrible affection, contre laquelle la médecine est restée jusqu'aujourd'hui à peu près impuissante, est modifiée très-avantageusement par le galvanisme et les courants électro-magnétiques. Si la guérison n'a pas lieu, dans tous les cas, on peut toujours rendre les accès beaucoup moins fréquents et moins graves. **M.** Fabré-Palaprat a guéri ainsi un jeune homme épileptique depuis **12** ans. Au rapport du docteur Most, il existe en Allemagne, dans la principauté de Schauenburg-Lippe, un établissement spécial où tous les épileptiques sont traités par le galvanisme, et où l'on obtient les plus grands succès. Nous nous réservons de publier plus tard un travail sur cette désolante maladie.

MALADIES IMAGINAIRES, hypocondrie.

Le type que Molière a ridiculisé d'une manière si spirituelle se rencontre-t-il? Existe-t-il des malades imaginaires dans l'acception qu'on donne ordinairement à ce mot? Nous ne le pensons pas. Nous croyons au contraire que l'hypocondrie est toujours le symptôme d'une affection plus ou moins grave, souvent ignorée, mais qu'un examen approfondi peut toujours faire découvrir.

Si nous consultons à cet égard les auteurs anciens les plus célèbres, nous voyons que, malgré la divergence de leurs opinions, ils l'ont tous regardée comme une maladie réelle.

Les uns l'ont localisée dans le cerveau, les autres dans l'estomac, le foie ou d'autres viscères. De nos jours, M. Michéa, qui a fait un excellent traité sur cette maladie, reconnaît qu'elle a son principe dans un grand amour de la vie et la crainte de la mort, mais qu'une affection quelconque en est l'occasion.

Les affections que nous avons rencontrées chez les hypocondriaques peuvent se ranger en trois catégories :

1° Affection primitive du cerveau, comme point de départ de tous les autres troubles nerveux. Ce sont ces malades surtout qu'on qualifie d'*imaginaires*, de *maniaques.*

2° Gastralgie, entéralgie, névralgies de quelque viscère, palpitations nerveuses, constipation, etc., et autres maladies peu graves, qui pourtant finissent avec le temps par agacer les nerfs, et par les rendre de plus en plus conducteurs des sensations douloureuses; le cerveau sans cesse surexcité peut à son tour devenir malade, comme dans le premier cas.

3° Affections plus graves : gastrite et entérite chroniques, cancer de l'estomac, maladies du foie, des reins, de la vessie, de la matrice, pertes séminales, etc., et toutes les maladies chroniques qui affaiblissent le cerveau et la constitution.

Personne ne contestera que le cerveau, comme tout autre

organe, ne puisse être affecté primitivement. Lorsque ce centre nerveux, auquel viennent se rendre tous les nerfs, est malade, il est impossible que son malaise et sa souffrance ne retentissent pas dans tout l'organisme, et ne jettent le trouble dans les différentes fonctions. L'estomac, les intestins, etc., finissent bientôt par souffrir eux-mêmes comme s'ils avaient été affectés primitivement ; la digestion, ne s'accomplissant plus régulièrement, produit un chyle mal élaboré qui irrite les intestins ; la nutrition est languissante ; et c'est alors que des organes qui n'étaient malades que par sympathie, le deviennent pour leur propre compte. Leurs sensations douloureuses se transmettent à leur tour au cerveau : de là un cercle vicieux, au moyen duquel la cause et l'effet vont sans cesse se compliquant.

Mais admettons que le point de départ de l'hypocondrie soit une affection des plus légères, ou même qu'elle soit le fruit de l'imagination, dira-t-on que dans ce cas il n'y a réellement pas maladie? Il faudrait alors nier que le moral ait aucune action sur le physique ; mais mille faits démontrent le contraire; ne voit-on pas la peur déterminer la diarrhée, la syncope et quelquefois même l'épilepsie? Une impression morale suffit pour causer la mort. Bonnefoy, dans ses *Mémoires sur les passions de l'âme*, parle d'une dame très-craintive à qui on avait enlevé un cancer, et qui redoutait extrêmement la fièvre, à la suite de cette opération, persuadée qu'elle en mourrait. Dix jours après, la plaie était vermeille et la suppuration de bonne qualité; tout allait pour le mieux, lorsqu'un chirurgien visitant la malade lui dit qu'elle a un peu de fièvre. Elle se frappe l'imagination, la plaie se dessèche et elle meurt le lendemain. Parlerons-nous du chagrin prolongé, de la nostalgie, de l'ennui qui succède à une vie active : tout le monde en connaît les funestes effets.

La douleur, dit Muller dans son savant Traité de physiologie, n'est jamais une chose imaginaire, et celle qui est due à une cause interne, est tout aussi réelle que celle produite par une cause extérieure. Une imagination exaltée peut accroître une douleur existante ; et de même que l'idée d'une chose dégoûtante détermine le dégoût, et que l'idée d'une chose qui fait frémir détermine le frisson, de même aussi l'idée de la douleur appelle fréquemment celle-ci dans une partie qui y est prédisposée.

Dans la 2ᵉ et la 3ᵉ catégories que nous avons établies plus haut, l'hypocondrie, avons-nous dit, a son point de départ dans une lésion vitale ou organique plus ou moins grave. En parlant de la faculté réflective et des associations vicieuses (*pages* 40 et 41) nous avons vu qu'une douleur continue, surtout lorsqu'elle part des nerfs du grand sympathique, surexcite bientôt le cerveau, et le rend tellement impressionnable que le plus léger bruit, le claquement d'une porte, suffisent pour faire éprouver une sensation douloureuse générale.

Il existe, il est vrai, quelques exceptions à cette règle; et il est des malades privilégiés dont la trempe de caractère, le mépris de la vie ou la résignation chrétienne est telle qu'après des années de souffrances, ils ont conservé une égalité d'humeur, un calme, une gaieté même qu'on ne saurait trop admirer. Mais cette faveur providentielle n'est pas donnée à tous. Le trop grand amour de la vie, la crainte de la mort, les préoccupations d'esprit, sont inhérents à la nature de certaines personnes, et tout à fait indépendants de leur volonté; le malaise, les douleurs qu'elles éprouvent les dominent et les attristent malgré elles, et elles n'en sont que plus à plaindre.

Nous ne parlerons pas ici des symptômes que l'on observe chez les hypocondriaques : ils ressentent en totalité ou en partie ceux que nous avons décrits pages 47 et 87.

L'incohérence, la contradiction apparente des symptômes, l'importance considérable que le malade y attache, font bientôt reconnaître l'hypocondrie chez ceux qui en sont affectés; et malheureusement il ne leur arrive que trop souvent de rencontrer un sourire d'incrédulité et de pitié chez ceux auxquels ils racontent la longue série de leurs souffrances.

Le médecin qui sait compatir aux peines de ses semblables, se conduira tout autrement. L'exagération qu'il croira remarquer dans le récit de son malade, ne lui fera pas fermer les yeux sur ce qui existe réellement. Après l'avoir écouté avec bienveillance, il examinera attentivement l'état de tous les organes, le rassurera sur la gravité de sa maladie, et par des raisonnements à sa portée, il lui fera apprécier à leur juste valeur les symptômes qui l'avaient alarmé. Afin de mieux relever le moral, il cherchera à gagner sa confiance en lui tenant le langage d'un ami dévoué. S'il apprend que son malade change sans cesse de médecin, qu'il s'adresse même à des charlatans, il ne le lui reprochera jamais avec aigreur, car il est bien naturel à celui qui souffre depuis longtemps, et qui n'est pas à même de distinguer la vérité de l'erreur, de prêter l'oreille au premier venu qui ose lui promettre une guérison prompte et définitive.

Si le médecin ne rencontre aucune lésion, il examinera les urines afin de voir si elles ne renferment aucun principe étranger; c'est ainsi qu'à l'aide du microscope nous avons reconnu des pertes séminales chez des malheureux arrivés au dernier degré de l'hypocondrie, et que depuis sept à huit ans on considérait comme des malades imaginaires.

Traitement. Peu de médicaments et des soins hygiéniques sagement ordonnés formeront la base du traitement. S'il y a gastralgie, entéralgie, douleurs rhumatoïdes, pertes séminales, etc.; on se conduira comme nous l'avons dit en parlant de ces affections. Pour nous, qui traitons un grand nombre d'hypocondriaques, nous pouvons affirmer que rien ne réussit mieux que l'électricité et les courants magnétiques, qui dissipent facilement tous les accidents nerveux faisant le désespoir des malades, et cela lors même que la maladie a son siége primitif dans le cerveau. Car de même que le cerveau fait sentir son malaise dans tous les nerfs, de même les actions qu'on imprime aux nerfs modifient l'état du cerveau, surtout lorsque ces actions sont produites par le fluide électrique, l'analogue du fluide nerveux.

DES TUMEURS EN GÉNÉRAL.

Les tumeurs présentent des variations sans nombre. Elles sont liquides ou solides. 1° Les tumeurs liquides peuvent renfermer du pus, du sang, de la sérosité, du mucus, un dépôt laiteux ; 2° les tumeurs solides peuvent être constituées par l'augmentation de volume d'un organe (hypertrophie), son induration, un engorgement ou une inflammation chronique, une matière graisseuse (lipômes), fibreuse, cartilagineuse ou osseuse; un dépôt de matières ressemblant à de la gelée de groseilles ou de pomme, à du beurre, à de la bouillie ; des animaux parasites, un cancer, un squirrhe.

Les premières sont appelées bénignes; le cancer et le squirrhe ont mérité le nom de tumeurs malignes.

Le nom de *kyste* est donné à toutes les tumeurs formées par une cavité close de toutes parts et renfermant un liquide plus ou moins consistant.

Parmi les causes, il faut ranger les irritations, les congestions, les inflammations, les contusions, etc., quelques-unes
sont dues à une aberration dans la nutrition d'un organe;
d'autres se lient à un vice constitutionnel acquis ou héréditaire.

Les unes ne peuvent guérir que par l'incision ou l'extirpa-
tion; d'autres peuvent se résoudre; c'est de ces dernières seulement que nous devons nous occuper.

Tumeurs susceptibles d'être guéries par le galva-nisme et les courants électro-magnétiques.

On peut agir sur ces tumeurs de trois manières :
1° Les frictions et fustigations électriques faites sur la peau
activent la circulation superficielle et la transpiration, développent de la chaleur, et produisent une dérivation salutaire.

2° Les courants dirigés dans l'intérieur même de la tumeur
stimulent toutes ses molécules, tonifient les nerfs et les vaisseaux
dont l'action était languissante : en un mot, ils donnent à tous
les tissus la vitalité nécessaire pour qu'ils puissent réagir énergiquement sur les matériaux qui les engorgent, les digérer
pour ainsi dire, afin de pouvoir ensuite les éliminer au
dehors.

3° Enfin, au moyen des courants galvaniques, on peut intro-
duire dans l'intérieur des tumeurs certains médicaments dépuratifs et résolutifs. C'est ainsi qu'avec le sublimé, M. Rossi
guérit la syphilis chez vingt-un individus qui n'avaient pu supporter le mercure par l'estomac. (*Gazette médicale* 1838.)
MM. Fabré-Palaprat et Becquerel ont opéré ainsi avec l'iodure
de potassium. Cette manière d'agir toute locale présente un
immense avantage sur la médication interne. La nature en effet
ne remplit pas toujours nos intentions, et elle ne remet pas
toujours à leur adresse les médicaments que nous lui avons
confiés dans l'estomac. Le plus souvent, au contraire, elle les
distribue en égale quantité aux organes sains et à ceux qui
sont malades; et en voulant obtenir la résolution d'une tumeur,
on risque de fatiguer l'estomac et toute l'économie.

Goîtres. Il n'est question ici que de ceux qui sont dus à un
développement exagéré de la glande thyroïde. Après avoir essayé
des courants galvaniques seuls, on s'en servira pour faire pénétrer l'iodure de potassium dans l'intérieur de la tumeur, et on

verra bientôt son volume diminuer d'une manière sensible, sans s'exposer, comme il arrive en prenant ce médicament par l'estomac, à voir en même temps diminuer le volume des autres glandes, du sein, par exemple, ce qui, chez beaucoup de femmes, est un véritable inconvénient.

Tumeurs du sein. Elles peuvent être le résultat d'une inflammation chronique, d'un engorgement laiteux, d'une contusion ; il peut aussi y avoir induration ou hypertrophie de certaines parties de la glande mammaire. En opérant comme il a été dit plus haut, nous avons amené très-souvent et en peu de temps la résolution de tumeurs de diverse nature qui avaient inspiré beaucoup de crainte, et qui avaient résisté aux purgatifs, aux sangsues, aux emplâtres fondants de toutes sortes. Dernièrement nous avons guéri en moins d'un mois une tumeur développée à la suite d'une contusion qui se prolongeait dans l'aisselle, et occasionnait une douleur s'irradiant jusque dans l'épaule et le bras,

Ovarite, tumeurs des ovaires. L'inflammation chronique ou l'engorgement des ovaires entraînent toujours des troubles de la menstruation, et comme l'a prouvé le docteur Tilt, dans son Traité des maladies de la menstruation et des inflammations de l'ovaire, ils sont la cause la plus probable des maux de nerfs et de l'hystérie. Les courants galvaniques ont une efficacité incontestable sur ces engorgements, et en les dissipant ils font disparaître les douleurs de reins, du bas-ventre et de la matrice, et tous les accidents qu'ils tenaient sous leur dépendance.

Engorgements du foie et de la rate. Les frictions galvaniques agiront encore ici, et comme révulsives et comme résolutives ; mais il sera bon d'y joindre l'usage des médicaments qui ont la propriété d'agir d'une manière spéciale sur le foie et sur la rate ; par exemple, les alcalins, le calomel, le sulfate de quinine.

OBSERVATIONS. Un malade qui depuis cinq ans avait une inflammation chronique douloureuse du foie, ayant résisté à tous les fondants, fut guéri à la suite de douze applications électriques.

Un autre qui, après un long séjour dans les pays chauds, était sujet à de fréquentes attaques de jaunisse, fut aussi guéri radicalement en peu de temps.

Un troisième, porteur d'un engorgement de la rate produisant de fréquents accès de fièvre intermittente qui l'avaient rendu cacochyme, fut guéri en vingt séances.

Engorgements lymphatiques, tumeurs scrofuleuses. Ces tumeurs et engorgements ne sont que la manifestation d'un vice général de constitution. Les personnes lymphatiques ou scrofuleuses ont en effet toutes les fonctions languissantes, la circulation paresseuse, le sang appauvri, les vaisseaux blancs gorgés de lymphe ; de là les tumeurs qu'on observe au cou et autour des articulations, la carie des os, les tumeurs blanches, les écoulements de l'oreille, la dureté de l'ouïe, les ophthalmies chroniques, etc.

La peau qui recouvre ces tumeurs est sèche, terreuse, moins sensible même qu'ailleurs ; ce qui prouve une altération dans sa vitalité et sa nutrition. Rien n'est plus propre à lui rendre ses fonctions que les bains, les frictions et les fustigations électro-magnétiques. Il est même très-avantageux de les employer sur toute la surface du corps, afin de stimuler la peau, favoriser la transpiration et la dépuration de tout l'organisme.

Afin d'attaquer le mal dans sa cause, on prendra à l'intérieur les amers, l'huile de foie de morue et quelquefois les ferrugineux ; à l'extérieur, quelques bains salés ou sulfureux, etc.

Hallé cite un jeune homme chez lequel des tumeurs scrofuleuses ayant disparu en quelques semaines au moyen de l'électricité, revinrent peu à près pour disparaître définitivement, lorsqu'on y eut ajouté des amers, des antiscorbutiques.

Tumeurs blanches. Tout ce que nous venons de dire s'applique parfaitement aux maladies des articulations qui dépendent d'un vice scrofuleux.

Congestion, inflammation et induration chroniques. La persistance de ces états pathologiques tient à un défaut de vitalité dans les tissus. A l'aide des courants galvaniques, on leur rendra facilement le ton nécessaire pour qu'ils puissent se débarrasser des humeurs qui les engorgent.

Cancers. Le docteur Crusel, de Saint-Pétersbourg, a annoncé dernièrement à l'Académie des sciences qu'il était parvenu, à l'aide du galvanisme, à détruire les cancers. La science a besoin de nouvelles recherches et de nouveaux faits pour se prononcer. Nous expérimenterons ce moyen sur des cancers inopérables ; mais nous croyons que, lorsqu'un cancer fait des progrès assez rapides et qu'il peut être facilement extirpé, on aurait tort de retarder l'opération et de perdre un temps précieux à l'essai d'un moyen encore incertain.

Ulcères indolents.

Ces ulcères tiennent souvent à un vice général de constitution ou à un défaut de ton et d'élasticité dans les tissus. Les courants galvaniques, en rendant à ces tissus les propriétés qu'ils ont perdues, auront encore l'avantage de décomposer les humeurs morbides qui les baignent et les entretiennent. On lit dans les *Annales de physique et de chimie*, tome 52, et dans le *Dictionnaire de médecine*, que le docteur Orioli, ayant étudié les plaies dont plusieurs individus étaient atteints, reconnut dans les unes le caractère des acides et dans les autres celui des alcalis. A celles-ci il appliqua le pôle positif d'une pile, à celles-là le pôle négatif, afin d'y faire apparaître un principe capable de neutraliser le produit dominant. Une prompte guérison est venue démontrer la sagesse de ses prévisions.

M. Becquerel reconnaît aussi qu'en agissant de cette manière, on force les tissus à sécréter des humeurs d'une nature opposée à celles produites par la maladie, et qu'il est possible de faire rentrer ainsi un organe dans son état normal.

ANÉVRYSMES.

Parmi les nombreux moyens employés pour guérir les anévrysmes, tous les chirurgiens proposent l'acupuncture et l'électro-puncture. C'est M. le professeur Velpeau qui, le premier, a reconnu que l'acupuncture, c'est-à-dire l'introduction d'épingles dans les artères, avait pour effet d'en amener l'oblitération en quelques jours. Vint ensuite M. Pravaz qui, ayant remarqué la facilité avec laquelle un courant galvanique détermine la coagulation du sang, eut l'idée d'unir le galvanisme à l'acupuncture.

La galvano-puncture a été expérimentée plusieurs fois, et elle a procuré des guérisons radicales dans un grand nombre de cas. Sur dix-huit observations, dont M. Amussat donne le résumé dans un mémoire présenté à l'Académie de médecine, le 8 juillet 1851, on voit qu'il a obtenu la guérison chez onze malades ; les sept autres ont dû recourir à une autre méthode.

Il a présenté, dans cette séance, un jeune homme de 35 ans,

boucher, qui s'était fait une plaie, le **22** septembre **1847**, à la partie inférieure du bras gauche. L'anévrysme qui en fut la suite, fut traité par la galvano-puncture. La première application, faite le **13** octobre, dura cinq à dix minutes et produisit une amélioration notable. Une deuxième séance de vingt minutes eut lieu trois jours après et, à partir de ce moment, la tumeur diminua de jour en jour. Elle disparut bientôt complètement, et depuis lors la guérison s'est maintenue.

Tumeurs érectiles, taches de naissance.

La galvano-puncture devra être employée comme nous venons de le dire pour les anévrysmes.

Hémorrhagies de la matrice.

L'hémorrhagie qui survient après l'accouchement ou l'avortement, tient presque toujours à l'atonie de la matrice, qui a perdu l'énergie nécessaire pour se contracter et revenir sur elle-même. La *Gazette médicale* du **23** octobre **1847** rapporte l'observation publiée par M. le docteur Franck, d'une femme sur le point d'expirer, et chez laquelle l'hémorrhagie cessa promptement aussitôt qu'on eut appliqué l'électricité sur le fond de la matrice.

Comme cette hémorrhagie foudroyante peut être promptement mortelle, et qu'on n'a pas toujours sous la main les appareils électriques nécessaires, on aurait tort de perdre un seul instant pour se les procurer. Il faut donc employer immédiatement les moyens usités en pareil cas ; mais si l'inertie de la matrice persistant faisait craindre le retour de l'hémorrhagie, on aurait alors recours aux courants électro-magnétiques qui, en contractant le tissu de la matrice, détruiraient la cause première de l'hémorrhagie et l'empêcheraient de reparaître.

PRÉCAUTIONS A PRENDRE

dans l'emploi des médications les plus ordinaires, afin d'en retirer tout le fruit possible.

Tous les moyens, dit M. le professeur Trousseau, dans son *Traité de thérapeutique et de matière médicale*, sont susceptibles de bienfaits précieux entre les mains d'un médecin attentif et observateur ; tous peuvent nuire entre les mains d'un empirique.

Le succès d'une médication dépend donc surtout de la manière dont elle est dirigée, et, quelque rationnelle quelle soit en principe, elle peut manquer son but et même être nuisible, si le malade néglige certaines précautions hygiéniques indispensables.

En maintes occasions, nous avons rencontré des malades qui faisaient remonter des maux d'estomac, d'intestins ou quelque autre indisposition, à l'époque où ils avaient pris un purgatif, un vomitif, etc. Il est donc de la plus grande importance que le médecin formule longuement les conseils qu'il donne aux malades ; qu'il le fasse non-seulement de vive voix, mais par écrit ; qu'il dise avec détail la manière de préparer les tisanes et autres boissons ; qu'il indique les heures où l'on doit prendre les médicaments et les aliments, etc.; mieux vaut, dans ce cas, pécher par excès que par un défaut contraire. Nous croyons rendre service à nos lecteurs, en leur traçant ici la marche à suivre dans l'emploi des médications les plus ordinaires.

Purgatifs. Nous déplorons tous les jours la témérité de certaines personnes qui, à la plus légère indisposition, prennent elles-mêmes un purgatif sans consulter leur médecin. C'est qu'en effet un purgatif, pris à contre-temps, peut détruire la santé, et en supposant même qu'on ait eu besoin d'être purgé, on s'expose aux mêmes inconvénients faute d'employer un purgatif convenable. Car, bien que tous les purgatifs aient pour propriété commune d'amener une évacuation plus ou moins abondante, chacun d'eux jouit de propriétés spéciales qui le rendent propre à remplir telle ou telle indication. Les uns agissent sur le commencement de l'intestin, et favorisent la sécrétion biliaire, de là leur utilité dans les affections du foie ; d'autres portent leur action sur le petit intestin ; d'autres congestionnent le gros intestin et tous les organes renfermés dans le petit bassin, et par leur effet dérivatif, sont utiles dans les maladies du cerveau, des yeux, des oreilles, etc. Les uns, appelés *purgatifs froids*, doivent être préférés dans les maladies aiguës ; les autres, appelés *purgatifs chauds*, conviennent mieux dans les maladies chroniques.

Il faut aussi tenir compte de l'état général du malade, de la susceptibilité de son estomac ou de ses intestins. On ne saurait trop respecter ces organes qui sont dans notre organisme la clef de tout l'édifice, et dont les fibres sont chargées, comme les racines d'un arbre, de puiser dans les aliments les sucs nécessaires à la nutrition.

Etudions le cas particulier où il s'agit, pour une légère indisposition, de prendre un des purgatifs les plus employés, l'eau de Sedlitz, par exemple.

Nous engageons notre malade à dîner la veille un peu moins que de coutume, et si nous apprenons qu'il soit difficile à purger, nous lui faisons prendre avant de se coucher (à moins de contre-indication) 40 à 50 c. de rhubarbe, ou une pilule d'aloès et rhubarbe, ou de rhubarbe et calomel, et cela afin de préparer les voies, et de ramollir pendant la nuit les matières qui obstruent l'intestin. Le lendemain matin, à jeun, il prend en deux ou trois fois, à dix minutes d'intervalle, la bouteille d'eau de Sedlitz; puis une demi-heure ou une heure après, c'est-à-dire lorsque des borborygmes se font entendre dans l'intestin, il boit à deux ou trois reprises une demi-tasse de bouillon aux herbes. Il prend ainsi, de 40 en 40 minutes, deux ou trois autres demi-tasses de bouillon.

La bouteille d'eau de Sedlitz ne convient pas à beaucoup de femmes, non plus qu'aux personnes faibles et à celles qui ont l'estomac délicat. Cette masse d'eau froide prise à jeun est souvent vomie en partie, et fatigue considérablement l'estomac. Le malade n'est purgé qu'à moitié, et il éprouve une pesanteur et un malaise qui sont quelquefois suivis de gastralgie. Chez les personnes dont nous parlons, nous remplaçons la bouteille d'eau de Sedlitz par 30 ou 35 grammes de sulfate de magnésie ou de soude dissous, soit dans un grand verre de tisane tiède au chiendent, ou aux pruneaux, et légèrement sucrée, soit dans une tasse de bouillon tiède aux herbes. Le malade prend cette dose en une fois ou en deux fois à dix minutes d'intervalle. Le bouillon aux herbes est continué comme il a été dit plus haut. De cette manière, les estomacs les plus susceptibles ne sont nullement irrités; la purgation est complète, facile et sans fatigue pour le malade.

C'est chez les enfants surtout qu'il faut savoir choisir le mode d'administration le plus agréable, et dissimuler le goût du purgatif en le faisant prendre dans des confitures, du jus de pruneaux, du café, etc.

A onze heures ou midi, on ne doit prendre qu'un bouillon de veau ou aux herbes; si l'estomac était tiraillé par la faim, on pourrait prendre quelques cuillerées d'un potage léger. A 5 heures, un léger potage avec un œuf frais ou quelques légumes non farineux; point de vin. Il est bon de ne se livrer à aucun travail fatigant dans la journée, et si c'est en hiver, on doit éviter de sortir au dehors.

Le lendemain les repas doivent être moins copieux que de coutume; on peut y prendre de l'eau légèrement rougie, et l'on doit s'abstenir de vin pur, de liqueurs, de thé, de café, etc.

VOMITIFS. Les vomitifs sont assez souvent prescrits dans les cas de catarrhes de la poitrine, d'embarras gastrique, etc. L'émétique à la dose de 5 centigrammes dissous dans un demi-verre ou un verre d'eau tiède est un des plus employés. Cette dose sera prise le matin à jeun, en deux fois, à un quart d'heure d'intervalle; et lorsque les nausées commenceront à se manifester, on boira à différentes reprises trois, quatre ou cinq tasses d'eau tiède, jusqu'au moment où les vomissements paraîtront vouloir cesser.

Le reste de la journée, on se contentera de boire une tisane rafraîchissante à la violette, à la mauve, à la guimauve, au bouillon blanc, à la bourrache, etc. Vers cinq heures, un léger potage, ou de préférence un simple bouillon, si la faim ne se faisait pas trop sentir.

Le malade, que nous avons supposé non alité, devra prendre quelques heures de repos au lit, après quoi, si le temps est chaud, il pourra faire une courte promenade; mais si le temps est mauvais ou si l'on est en hiver, il y aurait une grande imprudence à sortir. Les vomitifs, comme on le sait, provoquent la transpiration et la sueur, et un refroidissement contracté dans cette circonstance peut avoir des suites funestes. Nous avons été témoin de rhumatismes articulaires aigus, de fluxions de poitrine, de pleurésies graves, qui ne reconnaissaient point d'autre cause.

Le lendemain à déjeuner un potage léger; à cinq heures une soupe, des œufs frais peu cuits ou quelques légumes non farineux. S'il fait froid et que la transpiration paraisse s'établir de nouveau, ou que l'on ressente quelque malaise, il faudra garder sa chambre comme la veille.

Le surlendemain, les repas devront être un peu plus légers que de coutume.

Saignée. La saignée, nous l'avons dit précédemment, est encore ce qui réussit le mieux dans les affections inflammatoires aiguës, pleurésie, fluxion de poitrine, apoplexie, etc. Nous n'avons pas à nous occuper de ces cas, dans lesquels le malade surveillé de près par son médecin est plus à l'abri de toute imprudence, et ne boit que quelques tisanes appropriées. Il ne s'agit ici que de l'émission sanguine faite le matin chez une personne non alitée, dans le but de combattre la pléthore, une congestion, une ophthalmie, etc.

Aussitôt la saignée, le malade devra se mettre au lit pendant trois ou quatre heures. Le reste de la journée, il ne sortira pas de sa chambre, si le temps est mauvais ou si c'est en hiver.

Une demi-heure après l'émission sanguine, et les demi-heures suivantes, il boira un quart de verre de tisane tiède au chiendent, à la mauve, à la bourrache, ou au bouillon blanc, etc., ou simplement la même quantité d'eau tiède sucrée avec du sirop de gomme, de guimauve, de capillaire, etc.

Trois heures après la saignée, à dix ou onze heures par exemple, on peut prendre une demi-tasse de tisane ou de petit lait un peu tiéde. A une heure un bouillon de veau ; enfin, vers cinq heures un potage, auquel on pourra, si l'appétit l'exige, ajouter un ou deux œufs frais peu cuits ou quelques légumes légers.

Le repos au lit et les boissons à doses fractionnées sont ici de la plus grande utilité. Ils procurent une détente générale, un peu de moiteur de la peau, souvent même une légère transpiration qui est toujours salutaire, et ils empêchent la réaction de se faire sur l'organe malade. En se conduisant autrement, on s'expose non-seulement à perdre tous les bienfaits de la saignée, mais on ajoute à son mal la faiblesse causée par une perte de sang inutile.

Sangsues. Mêmes règles que ci-dessus. Disons de plus que lorsqu'on se propose de combattre une affection du cerveau, une ophthalmie, etc., il est bon de prendre, après l'application des sangsues, un bain de pieds, et de maintenir ensuite sur le front des compresses d'eau froide fréquemment renouvelées. De cette manière, on s'oppose à ce que le sang reflue de nouveau vers la tête, et l'on arrive bien plus sûrement au but qu'on se propose.

Dans les maladies des yeux, un bain de pieds, dans lequel on aura mis 125 grammes de sous-carbonate de potasse ou de soude sera préférable à un bain sinapisé, dont la vapeur peut irriter plus ou moins l'organe malade.

Bains de pieds. Beaucoup de personnes à qui l'on a conseillé un *bain de pieds ordinaire,* ou *sinapisé*, le prennent souvent d'une manière qui le rend inutile et même nuisible. Les uns, en effet, y restent quinze ou vingt minutes, et en sortent avec une sueur générale, un malaise et une espèce de fièvre, qui annoncent que toute la masse du sang s'est échauffée. Les autres, s'il s'agit d'un pédiluve sinapisé, se servent d'eau très-chaude, et n'y restent à la vérité que six ou sept minutes ; mais la moutarde a été sans effet, pour deux raisons : la première, parce qu'elle n'a pas eu le temps d'agir ; la seconde, parce que son action est d'autant moins énergique que l'eau est plus chaude. D'autres enfin emploient l'eau à la température convenable, mais ils enlèvent à la moutarde la plus grande partie de son activité en y mêlant du sel ou du vinaigre. Il ne sera donc pas superflu d'entrer dans quelques détails au sujet des pédiluves.

Pédiluve ordinaire. L'eau doit être la plus chaude que le malade puisse supporter, et sa durée ne doit pas dépasser six à sept minutes ; on peut y ajouter un litre de cendres ; mais on le rend encore plus actif si, au lieu de cendres, on met 125 grammes de sous-carbonate de potasse. Un bain ainsi préparé peut se conserver et servir de nouveau pendant six à sept jours, ce qui est un avantage pour les personnes peu aisées. Après le bain, le malade se tiendra les pieds chauds, et s'il s'agit de combattre une congestion vers la tête ou les yeux, il se couvrira le front pendant quelques heures avec des compresses d'eau froide.

Pédiluve sinapisé. On commence par délayer 125 à 150 grammes de farine de moutarde dans une quantité d'eau froide suffisante pour en faire une bouillie bien claire ; puis on ajoute de l'eau à environ 35°, de manière à amener le bain à une température un peu plus que tiède. Si l'on n'est pas pressé, il sera bon de n'ajouter l'eau qu'après une demi-heure de macération. De cette manière et à cette température, on permet à l'huile volatile et au principe âcre de se développer complètement, ce qui n'a plus lieu à la température de 75°.

Ce bain, de 28 à 30°, présente de grands avantages, car on peut y rester tant qu'on peut le supporter, sans craindre d'échauffer la masse du sang. On obtient ainsi une révulsion beaucoup plus certaine et plus complète qu'avec le pédiluve chaud ordinaire.

Sɪɴᴀᴘɪsᴍᴇs. Suivant l'effet qu'on veut obtenir, on les prépare tantôt avec la farine de moutarde pure, tantôt avec un cataplasme de farine de lin saupoudré de farine de moutarde. Il faut s'abstenir, comme pour le pédiluve, d'y ajouter du sel ou du vinaigre. Le temps pendant lequel on doit les laisser appliqués, dépend beaucoup de la sensibilité du malade. Lorsque celui-ci est tombé dans un état comateux ou léthargique, et qu'il ne peut se plaindre, il faut les changer de place au bout d'une demi-heure, sous peine d'amener la vésication, des phlyctènes et même des escarres.

On les applique souvent aux membres inférieurs, et dans ce cas il est bon de procéder de haut en bas, en finissant par les coudes-pieds.

Chez les personnes très-irritables, le sinapisme peut produire un agacement nerveux qui n'est pas sans danger. On y remédie en mettant sur le lieu même où a été posé le sinapisme, un cataplasme de lin ou de mie de pain préparé avec une décoction de 20 à 25 grammes de belladone, de jusquiame ou de datura, ou d'un mélange de ces trois espèces dans trois quarts de litre réduits par l'ébullition à un demi-litre.

Bᴀɪɴs ᴛɪÈᴅᴇs. Leur température doit, suivant les personnes, varier de 26 à 30° centigrades ; elle doit être telle qu'on ne ressente ni froid ni chaleur, mais un sentiment de bien-être comparable à celui qu'on éprouve dans un bon lit. Pendant toute la durée du bain, qui sera d'une heure environ, à moins d'indications spéciales, on se mouillera le front et le visage avec de l'eau presque froide. Il n'est pas nécessaire d'ajouter que les bains doivent toujours être pris à jeun ou lorsque la digestion est achevée.

Eᴀᴜx ᴍɪɴÉʀᴀʟᴇs. Nous avons dit quelques mots à ce sujet, page 59.

Gɪʟᴇᴛs ᴅᴇ ꜰʟᴀɴᴇʟʟᴇ. Nous les défendons toujours aux personnes qui n'en ont réellement pas besoin, et nous ne les prescrivons que dans certains cas de rhum .ismes, de r.. mes, de maladies de poitrine, et dans quelques convalescenc€ pén:b. qui laissent le malade très-impress:⸱n⸱ .. au froid; nous o⸱ ⸱nnons en outre de les quitter chaqu⸱ soir pour se coucher. Sans cette précaution, sur laquelle les médecins n'insistent pas assez, on n'en retire plus aucun avantage. En effet, que se propose-t-on avec la flanelle, si ce n'est d'éviter les transitions brusques du chaud au froid, la répercussion de la transpiration, les refroidissements? Mais de tels accidents ne sont pas à craindr⸱ la nuit si l'on est suffisamment couvert. En reprenant son gilet de flanelle le matin, il excite la peau, .onne u⸱ie chaleur qui r⸱⸱ - place celle du lit, et il a beaucoup ⸱'us de puissance pour prévenir les accidents que nous venons de signaler.

Lorsque le malade revient à la santé, et surtout à l'approch⸱ de l'été, il peut le quitter impunément, en y suppléant pendant quelques semaines par un gilet de coton, qu'il pourra dans la suite abandonner comme le premier. En agissant ainsi, on se ménage pour l'avenir des ressources utiles pour combattre un rhume, une maladie de poitrine ou pour se préserver d'un refroidissement si l'on voyage par un temps froid. Chez les personnes qui n'y sont pas habituées, ces gilets favorisent les fonctions de la peau et y développent une douce chaleur. Il n'en est plus de même lorsqu'on les conserve sans cesse ; leur action finit par s'user, et elle n'a plus d'effet dans les circonstances dont nous venons de parler.

Aux personnes peu aisées qui ne peuvent faire la dépense de gilets de flanelle, nous conseillons les gilets de coton à mailles peu serrées. Ils remplissent à peu de chose près le même but que les premiers, pourvu qu'on les tienne très-propres.

CAUTÈRES ET LEUR SUPPRESSION. Les cautères et autres exutoires, paraissent d'autant mieux indiqués qu'ils coulent davantage, et que les malades ont, comme on le dit vulgairement, une mauvaise charnure ; car tant que durera l'exutoire, il y aura moins de chances de voir quelque organe s'enflammer et produire du pus.

Nous les prescrivons rarement, et nous déplorons la facilité avec laquelle certains médecins les imposent à leurs malades. N'est-ce pas, en effet, une chose fâcheuse pour un jeune homme ou une jeune personne, de porter ainsi une plaie incommode et qui inspire toujours un certain dégoût? une plaie dont la suppuration va constituer, pour ainsi dire, une nouvelle fonction qu'on ne pourra peut-être pas supprimer sans danger.

Lorsqu'un cautère n'a pas amené d'amélioration notable ou qu'il ne paraît plus nécessaire, on commence par diminuer de jour en jour la grosseur des pois employés, et l'on arrive, en 50 ou 60 jours, à le supprimer complètement. Et afin de remplacer la dépuration à laquelle l'économie s'était habituée, on fait usage de quelques purgatifs, de boissons diurétiques et dépuratives qu'un médecin éclairé saura toujours indiquer.

VIEUX ULCÈRES. GOURMES DES ENFANTS. Ce que nous venons de dire des exutoires, s'applique parfaitement à certains ulcères qui existent depuis longtemps, et aux gourmes des jeunes enfants.

RÉSUMÉ. Il ne faudrait rien moins qu'un traité complet de matière médicale et d'hygiène, pour donner quelques détails sur chaque espèce de médication. Habitué comme nous le sommes à traiter des personnes délicates et nerveuses, nous avons pu voir que chez elles un médicament n'est efficace et sans danger, qu'autant qu'il est pris à telle ou telle heure, en suivant tel ou tel régime.

Au moment où nous écrivons ces lignes, une personne à qui nous avons prescrit les ferrugineux se présente à nous parfaitement guérie de ses névralgies, de ses maux d'estomac, etc. Lorsque nous l'avons vue pour la première fois, elle se décidait avec peine à suivre notre conseil, parce que, disait-elle, les ferrugineux irritaient son estomac et augmentaient son malaise. A quoi cela tenait-il? à cette circonstance : qu'au lieu d'en user au commencement des repas, elle les prenait à jeun d'après l'ordonnance de son médecin. Chez une autre, il nous a suffi de conseiller un sel de fer insoluble au lieu d'un sel soluble, pour arriver aux mêmes résultats.

Les maux d'estomac, les digestions lentes et pénibles, sont des affections extrêmement communes, à Paris surtout, et nous pouvons affirmer que c'est à l'aide d'une hygiène sagement ordonnée qu'on arrive à les guérir, bien plutôt que par l'emploi de tel ou tel médicament; disons plus, c'est que sans cette hygiène on les voit, quoi qu'on fasse, s'aggraver de jour en jour.

Nous avons souvent obtenu un soulagement notable, dès les premiers jours, en interdisant à certains malades l'usage des carottes, des soupes à l'ognon ; à d'autres, le laitage, les potages trop clairs, les boissons en trop grande quantité. L'heure, la qualité et la quantité des repas étaient aussi l'objet d'une vive attention, et s'il y avait constipation, comme cela arrive souvent, nous prescrivions les poudres laxatives et les autres moyens indiqués page 86. Les frictions et fustigations électro-magnétiques sur la région de l'estomac ont quelquefois été nécessaires. Ces moyens, continués avec persévérance, ont presque toujours procuré une guérison prompte et définitive.

Les gens robustes, ceux qui croient à peine à la douleur, et qui prétendent que l'estomac ne se fortifie que par un bon repas arrosé de boissons stimulantes, riront peut-être de nous voir insister sur ce qu'ils appellent des riens ; mais ceux qui sont faibles, ceux qu'une longue souffrance a rendus impressionnables aux changements de température, au moindre écart de régime, ceux-là nous comprendront. C'est à eux que nous consacrons ces lignes et les travaux que nous ne cesserons de faire pour trouver les moyens les plus sûrs et les plus prompts de les rendre à la santé.

LE DIAGNOSTIC EST LA BOUSSOLE DU TRAITEMENT.

Méthode à suivre dans l'examen d'un malade pour arriver à un diagnostic positif.

Lorsque Hippocrate disait : *Qui sufficit ad cognoscendum morbum, sufficit quoque ad curandum*, il supposait, comme nous l'admettons, un médecin dont l'esprit soit dégagé de toute opinion préconçue ; un praticien qui, après avoir examiné et pesé tous les systèmes et toutes les théories, n'ait tenu compte que des faits *répétés* et bien observés ; un homme enfin qui eût étudié les livres de la science, non pour les copier servilement, mais pour développer son jugement et acquérir ce tact médical qui lui permît de lire avec facilité dans le grand livre de la nature. C'est alors qu'au lieu d'appliquer une recette banale à telle maladie, d'après le nom que les livres lui ont donné, il ne voit plus que l'état de son malade, et ne se laisse guider que par la voix de la nature, dont il est l'interprète intelligent.

Une même maladie attaquant un certain nombre de personnes présente souvent des différences tellement marquées, que le traitement qui convient à l'une pourrait être mortel pour l'autre. L'âge, le sexe, le tempérament, la constitution, les antécédents, les complications, la marche de la maladie, la période à laquelle elle est arrivée, sont autant de circonstances dont il faut tenir compte. Chaque malade demande donc à être examiné d'une manière spéciale, à être, pour ainsi dire, analysé dans tous ses organes et toutes ses fonctions. Sans prétendre donner ici de leçon à personne, disons un mot sur l'ordre qu'il faut suivre dans l'examen d'un malade.

On tiendra compte :

1° De l'âge, du sexe, du tempérament, de la constitution du malade, de sa profession, de son habitation, de ses habitudes, de sa manière de vivre.

2° De son état habituel de santé, des maladies qu'il a eues depuis son enfance, des récidives, des maladies contagieuses qu'il a pu contracter, des traitements qu'il a suivis, des effets qu'il en a obtenus.

3° Des maladies qu'ont eues ses ascendants ou ses enfants, ses frères et sœurs, de l'époque et de la cause de leur mort.

4° On s'informera du jour où le madade a commencé à être indisposé et à s'aliter ; on lui fera dire à quelle cause il croit pouvoir attribuer sa maladie, et tout ce qu'il éprouve en ce moment ; on recherchera si les accidents sont périodiques ou non.

5° On jettera un coup d'œil sur l'état extérieur du malade ; les tumeurs, les taches, les cicatrices, les ulcères, les varices qui peuvent s'offrir à la vue donneront d'utiles renseignements.

On examinera ensuite chaque fonction l'une après l'autre.

6° *Nutrition*. Force ou faiblesse, maigreur et sa marche plus ou moins rapide.

7° *Exhalation cutanée*. Sécheresse ou moiteur de la peau, sueur et ses qualités.

8° *Calorification*. Température du corps, de la tête, des pieds.

9° *Innervation et organes des sens*. Impressionnabilité, sommeil, rêves, étourdissements, éblouissements, tintements d'oreilles, sensations particulières de la vue, de l'odorat, du goût, etc. ; douleurs névralgiques ou rhumatismales.

10° *Digestion*. Etat des lèvres, des gencives, des dents, de la langue, du gosier, de l'estomac et des intestins ; faim ou soif ; troubles de la digestion, nausées, vomissements, coliques, diarrhée ou constipation, vers, nature et couleur des matières rendues ; hémorrhoïdes, fissures, fistules, etc.

11° *Respiration.* Lente ou rapide, facile ou difficile, toux, hoquet ; examen de la poitrine à l'oreille, au stéthoscope et au plessimètre.

12° *Circulation.* Etat du pouls et du cœur. Examen du cœur et des vaisseaux à l'aide de l'oreille ou du stéthoscope ; plessimétrie du cœur.

13° *Sécrétion urinaire.* Etat des reins et de la vessie ; couleur et quantité de l'urine, ses qualités acide ou alcaline ; nuages, dépôts, graviers, sang, mucus, sucre, albumine, pus, etc.

14° *Génération.* Examen des organes génitaux s'il y a lieu. Chez les femmes, état de la menstruation régulière ou irrégulière, suppression, fleurs blanches, etc.

15° *Plessimétrie et palpation de tous les organes.* Cœur, foie, poitrine, vessie, etc. A l'aide du plessimètre, un praticien exercé mesure exactement les dimensions du cœur, du foie, de la rate, de la matrice, etc., et il voit si ces organes ont leur volume normal. Il apprécie les différents degrés de sonorité de la poitrine et de l'abdomen, et l'état des viscères qu'ils renferment.

16° *Sécrétions et excrétions diverses.* Examen à l'œil nu ou au microscope des crachats, de l'urine, du lait, des humeurs fournies par les plaies, etc.

Afin de ne rien oublier et de ne pas s'exposer à des répétitions inutiles, il est bon que le médecin écrive les notes qu'il a recueillies ; il peut même avoir à cet effet des *imprimés* qu'il n'a plus qu'à remplir. De semblables notes sont très-précieuses ; elles permettent de saisir dans tout son ensemble la maladie observée, et elles peuvent dans la suite être extrêmement utiles pour le malade et pour son médecin.

Que nos lecteurs ne s'épouvantent pas à l'idée d'un examen qui leur semble long et fastidieux ; car, entre les mains d'un homme exercé, cela se fait plus vite qu'on ne pense. Et si, lorsque la maladie se présente franchement et sous une forme simple, on peut à la rigueur s'en dispenser, il n'en est plus de même dans certaines maladies chroniques dont le point de départ et la cause première sont souvent oubliés ou ignorés ; et c'est alorsqu'on ne saurait apporter trop d'attention à l'examen du malade, puisque sa guérison, sa vie même en dépend.

L'examen des organes non souffrants n'est pas inutile,

comme on pourrait le croire de prime-abord. Il permet d'apprécier la manière dont s'exécutent toutes les fonctions, et comme il peut arriver que l'une d'elles présente quelque anomalie parfaitement compatible avec la santé, il empêche que dans une maladie ultérieure on ne prenne cette irrégularité pour un accident produit par cette dernière. Ainsi nous avons rencontré des personnes qui, à l'état de santé, avaient le pouls irrégulier ; chez quelques-unes même, il n'était regulier que pendant la maladie.

Tout le monde sait aussi qu'à l'état normal le pouls donne 60 à 70 pulsations chez l'adulte. Mais il est des personnes qui en santé n'ont que 50 pulsations, tandis que d'autres en ont 80. Si l'on ignore ces circonstances, 80 pulsations chez ces dernières pourraient faire croire à une fièvre qui n'existe pas, tandis que 70 pulsations chez les premières donneront à penser que le pouls est normal, bien que la fièvre existe réellement. Mais bien plus, il arrive souvent que le véritable siége de la maladie est tout entier où on le supposait le moins. Une névralgie de la face, de la tête n'est-elle pas souvent l'effet d'une dent gâtée, bien que non douloureuse? Une maladie légère et quelquefois ignorée de la matrice, ne détermine-t-elle pas chez la femme les mille et un troubles qui affectent les femmes nerveuses? M. le professeur Trousseau, dans son Traité de thérapeutique, parle d'un diplomate anglais attaqué d'épilepsie, et d'un riche banquier de Paris sujet depuis dix ans à des vomissements, qui, l'un et l'autre, après avoir essayé mille traitements restés inutiles, furent guéris radicalement en très-peu de temps par une médication antisyphilitique basée sur quelques symptômes qui paraissaient de peu d'importance.

L'électricité, comme nous l'avons vu page **61**, sera un excellent moyen de diagnostic dans les diverses sortes de paralysies.

Le microscope rendra aussi de grands services dans beaucoup de circonstances; nous ne parlons pas de ces instruments que le commerce vend à bas prix, et qui sont tout à fait insuffisants pour les besoins de la science; mais de ces microscopes perfectionnés et d'un grossissement considérable, qui permettent de voir parfaitement les globules du sang, du lait, du pus, etc.

Les pertes séminales ne pourront être reconnues d'une manière positive qu'à l'aide du microscope.

Le même instrument fait aussi apprécier les qualités du lait et reconnaître la présence du *colostrum*, qui existe toujours dans le lait des nouvelles accouchées, où il a son utilité pour le nouveau-né, mais qui plus tard est un signe de maladie chez la nourrice, et peut nuire à l'enfant. Il permet aussi de distinguer le pus dans les crachats, le lait, l'urine, etc., et de ne pas confondre une névralgie des reins ou de la vessie, par exemple, avec l'inflammation chronique de ces organes. Enfin il démontre, dans le cancer, l'existence des globules caractéristiques de cette terrible affection.

On ne devra pas négliger les ressources utiles qu'offre la chimie dans l'examen des urines. A l'aide de réactifs convenables, on découvre la présence du sucre dans l'urine de ceux qui sont atteints du diabète sucré ; celle du pus dans les maladies de la vessie ou des reins ; celle de la bile dans certaines maladies du foie ; celle de l'albumine dans l'albuminurie ou maladie de Bright. Etant consulté dernièrement par Mlle A, femme de chambre de M. M. commandant des Tuileries, qui n'éprouvait dans sa santé qu'un léger dérangement dont la cause était ignorée, nous fîmes à l'instant l'analyse des urines, et nous constatâmes l'existence de cette dernière maladie.

On sent combien ces recherches sont précieuses pour arriver à un diagnostic exact. Encore une fois, nous le répétons, elles ne seront pas indispensables chez tous les malades, car les symptômes se liant entre eux dans beaucoup d'affections, il suffit à un médecin expérimenté d'en connaître quelques-uns pour deviner le reste. Mais cette corrélation de symptômes et de cause à effet n'est plus aussi évidente dans certaines maladies nerveuses et chroniques où la cause est souvent prise pour l'effet et réciproquement. C'est ce qui explique la divergence d'opinions qu'on voit souvent exister entre deux ou plusieurs médecins du plus grand mérite même. C'est alors qu'il faut examiner le malade de plus près et pour ainsi dire pièce par pièce ; étudier avec ordre, et les uns après les autres, chaque organe et chaque fonction. En procédant ainsi, il est impossible à un médecin éclairé de ne pas avoir sur l'état de son malade les notions les plus claires et les plus exactes. Le mal étant connu, un traitement rationnel en découle naturellement. Le médecin et le malade marchent alors sans tâtonnements et avec confiance, et il suffit quelquefois de moyens simples et faciles, pour triompher d'une affection qui avait résisté aux agents les plus variés et les plus énergiques.

Peut-on traiter une maladie par correspondance ?

A cette question qu'on nous pose tous les jours, nous répondons affirmativement, pourvu que l'histoire médicale du malade, la cause, la marche et les symptômes de son affection nous soient parfaitement connus:

Le médecin consulté doit donc adresser au malade une série de questions auxquelles celui-ci répondra catégoriquement, disant ce qui est, aussi bien que ce qui n'est pas; cela ne suffit pas toujours, et dans la plupart des cas, le malade doit recourir à son médecin ordinaire, qui seul peut constater l'état de tous les organes, par la palpation, l'auscultation et la percussion. Ce n'est qu'à ces conditions qu'un médecin consciencieux peut promettre de traiter utilement un malade qu'il ne voit pas.

Il est souvent nécessaire, comme nous l'avons dit, d'étudier certains liquides, l'urine par exemple. A l'aide de quelques précautions, on peut faire parvenir ce liquide au médecin chargé de l'examiner, et les expériences nombreuses que nous avons faites à ce sujet, nous ont montré qu'après plusieurs semaines, et même plusieurs mois, on peut y reconnaître, aussi bien que le premier jour, les principes étrangers qu'elle renferme. Ce que nous disons ici, doit-il faire croire à ceux qui prétendent découvrir avec ce liquide, l'âge, le sexe, et toutes les maladies en général, quelles qu'elles soient? Une telle assertion ne peut venir que de la plus insigne mauvaise foi. Les chimistes les plus habiles, les professeurs les plus instruits de la Faculté avouent que cela est impossible; et ils ont constaté que, dans la plupart des affections, l'urine ne subit pas de modifications appréciables. Le pus, le sang, le mucus, l'albumine, la bile, la matière séminale, le sucre, quelques sels, la réaction acide ou alcaline, sont les seules choses qu'on puisse découvrir dans l'urine, soit par les réactifs chimiques, soit avec le microscope.

Ajoutons en terminant qu'il est, dans quelques cas, de l'intérêt du malade, de ne pas se traiter seul, bien qu'il ait l'ordonnance du médecin consulté. Son état peut, d'un moment à l'autre, subir des changements qui entraînent des modifications dans le traitement. Guidé par son médecin particulier, qui pourra, s'il y a lieu, en référer au premier, il marchera d'un pas plus assuré, évitera toute espèce d'inconvénients, et remplira ainsi toutes les conditions nécessaires pour obtenir sa guérison.

FIN.

SAINT-DENIS. — TYPOGRAPHIE DE PREVOT ET DROUARD.

www.ingramcontent.com/pod-product-compliance
Ingram Content Group UK Ltd.
Pitfield, Milton Keynes, MK11 3LW, UK
UKHW021738090726
13657UKWH00002B/789